高职高专测绘类专业"十二五"规划教材·规范版

教育部测绘地理信息职业教育教学指导委员会组编

空间数据库技术应用

■ 主　编　陈国平

■ 副主编　袁　磊　王双美

武汉大学出版社

图书在版编目(CIP)数据

空间数据库技术应用/陈国平主编;袁磊,王双美副主编. —武汉:武汉大学出版社,2013.2(2021.12重印)
高职高专测绘类专业"十二五"规划教材·规范版
ISBN 978-7-307-10426-6

Ⅰ.空… Ⅱ.①陈… ②袁… ③王… Ⅲ.地理信息系统—高等职业教育—教材 Ⅳ.P208

中国版本图书馆 CIP 数据核字(2013)第 013929 号

责任编辑:刘 阳 责任校对:刘 欣 版式设计:马 佳

出版发行:武汉大学出版社 (430072 武昌 珞珈山)
(电子邮箱:cbs22@whu.edu.cn 网址:www.wdp.com.cn)
印刷:武汉科源印刷设计有限公司
开本:787×1092 1/16 印张:12.5 字数:289 千字 插页:1
版次:2013 年 2 月第 1 版 2021 年 12 月第 4 次印刷
ISBN 978-7-307-10426-6/P·215 定价:25.00 元

版权所有,不得翻印;凡购买我社的图书,如有质量问题,请与当地图书销售部门联系调换。

高职高专测绘类专业 "十二五" 规划教材·规范版
编审委员会

顾问

宁津生　教育部高等学校测绘学科教学指导委员会主任委员、中国工程院院士

主任委员

李赤一　教育部测绘地理信息职业教育教学指导委员会主任委员

副主任委员

赵文亮　教育部测绘地理信息职业教育教学指导委员会副主任委员
李生平　教育部测绘地理信息职业教育教学指导委员会副主任委员
李玉潮　教育部测绘地理信息职业教育教学指导委员会副主任委员
易树柏　教育部测绘地理信息职业教育教学指导委员会副主任委员
王久辉　教育部测绘地理信息职业教育教学指导委员会副主任委员

委员　（按姓氏笔画排序）

王　琴　黄河水利职业技术学院
王久辉　国家测绘地理信息局人事司
王正荣　云南能源职业技术学院
王金龙　武汉大学出版社
王金玲　湖北水利水电职业技术学院
冯大福　重庆工程职业技术学院
刘广社　黄河水利职业技术学院
刘仁钊　湖北国土资源职业学院
刘宗波　甘肃建筑职业技术学院
吕翠华　昆明冶金高等专科学校
张　凯　河南工业职业技术学院
张东明　昆明冶金高等专科学校
李天和　重庆工程职业技术学院
李玉潮　郑州测绘学校
李生平　河南工业职业技术学院
李赤一　国家测绘地理信息局人事司
李金生　沈阳农业大学高等职业学院
杜玉柱　山西水利职业技术学院
杨爱萍　江西应用技术职业学院
陈传胜　江西应用技术职业学院
明东权　江西应用技术职业学院
易树柏　国家测绘地理信息局职业技能鉴定指导中心
赵文亮　昆明冶金高等专科学校
赵淑湘　甘肃林业职业技术学院
高小六　辽宁省交通高等专科学校
高润喜　包头铁道职业技术学院
曾晨曦　国家测绘地理信息局职业技能鉴定指导中心
薛雁明　郑州测绘学校

序

　　武汉大学出版社根据高职高专测绘类专业人才培养工作的需要，于2011年和教育部高等教育高职高专测绘类专业教学指导委员会合作，组织了一批富有测绘教学经验的骨干教师，结合目前教育部高职高专测绘类专业教学指导委员会研制的"高职测绘类专业规范"对人才培养的要求及课程设置，编写了一套《高职高专测绘类专业"十二五"规划教材·规范版》。该套教材的出版，顺应了全国测绘类高职高专人才培养工作迅速发展的要求，更好地满足了测绘类高职高专人才培养的需求，支持了测绘类专业教学建设和改革。

　　当今时代，社会信息化的不断进步和发展，人们对地球空间位置及其属性信息的需求不断增加，社会经济、政治、文化、环境及军事等众多方面，要求提供精度满足需要，实时性更好、范围更大、形式更多、质量更好的测绘产品。而测绘技术、计算机信息技术和现代通信技术等多种技术集成，对地理空间位置及其属性信息的采集、处理、管理、更新、共享和应用等方面提供了更系统的技术，形成了现代信息化测绘技术。测绘科学技术的迅速发展，促使测绘生产流程发生了革命性的变化，多样化测绘成果和产品正不断努力满足多方面需求。特别是在保持传统成果和产品的特性同时，伴随信息技术的发展，已经出现并逐步展开应用的虚拟可视化成果和产品又极好地扩大了应用面。提供对信息化测绘技术支持的测绘科学已逐渐发展成为地球空间信息学。

　　伴随着测绘科技的发展进步，测绘生产单位从内部管理机构、生产部门及岗位设置，进而相关的职责也发生着深刻变化。测绘从向专业部门的服务逐渐扩大到面对社会公众的服务，特别是个人社会测绘服务的需求使对测绘成果和产品的需求成为海量需求。面对这样的形势，需要培养数量充足，有足够的理论支持，系统掌握测绘生产、经营和管理能力的应用性高职人才。在这样的需求背景推动下，高等职业教育测绘类专业人才培养得到了蓬勃发展，成为了占据高等教育半壁江山的高等职业教育中一道亮丽的风景。

　　高职高专测绘类专业的广大教师积极努力，在高职高专测绘类人才培养探索中，不断推进专业教学改革和建设，办学规模和专业点的分布也得到了长足的发展。在人才培养过程中，结合测绘工程项目实际，加强测绘技能训练，突出测绘工作过程系统化，强化系统化测绘职业能力的构建，取得很多测绘类高职人才培养的经验。

　　测绘类专业人才培养的外在规模和内涵发展，要求提供更多更好的教学基础资源，教材是教学中的最基本的需要。因此面对"十二五"期间及今后一段时间的测绘类高职人才培养的需求，武汉大学出版社将继续组织好系列教材的编写和出版。教材编写中要不断将测绘新科技和高职人才培养的新成果融入教材，既要体现高职高专人才培养的类型层次特征，也要体现测绘类专业的特征，注意整体性和系统性，贯穿系统化知识，构建较好满足现实要求的系统化职业能力及发展为目标；体现测绘学科和测绘技术的新发展、测绘管理与生产组织及相关岗位的新要求；体现职业性，突出系统工作过程，注意测绘项目工程和生产中与相关学科技术之间的交叉与融合；体现最新的教学思想和高职人才培养的特色，在传统的教材基础上勇于创新，按照课程改革建设的教学要求，让教材适应于按照"项目教学"及实训的教学组织，突出过程和能力培养，具有较好的创新意识。要让教材适合高职高专测绘类专业教学使用，也可提供给相关专业技术人员学习参考，在培养高端技能应用性测绘职业人才等方面发挥积极作用，为进一步推动高职高专测绘类专业的教学资源建设，作出新贡献。

按照教育部的统一部署，教育部高等教育高职高专测绘类专业教学指导委员会已经完成使命，停止工作，但测绘地理信息职业教育教学指导委员会将继续支持教材编写、出版和使用。

教育部测绘地理信息职业教育教学指导委员会副主任委员

二〇一三年一月十七日

前　言

地理信息系统(GIS)是集空间数据采集、存储、管理、分析和输出为一体的综合信息系统，其主要研究和操作对象是空间数据。在 GIS 中，空间数据库作为空间数据的存储场所发挥着核心作用。这表现在：用户通过访问空间数据库获得空间数据，进行空间分析、管理和决策，再将分析结果存储到空间数据库中。因此，空间数据库的结构设计、数据组织及存取方式对 GIS 功能的实现和工作的效率影响极大。据统计分析，一个成功的 GIS 项目，合理、科学、超前的空间数据库设计是关键。如果随时随地都能很容易地存取各种空间数据，则能使 GIS 快速响应管理分析和决策人员的要求；反之，如果获取空间数据困难，就不能进行及时的分析决策，或者只能根据不完全的空间数据进行分析，其结果都可能导致 GIS 不能得出正确的分析结果。可见空间数据库在 GIS 中的重要性是不言而喻的。

虽然空间数据库技术发展历史不长，但目前已成为以计算机科学技术为支撑的 GIS 的核心技术之一，并为其他与地理空间相关的应用系统提供了数据平台。因此，对于一个国家来讲，空间数据库的建设规模、空间数据库信息量的大小和使用频度已成为衡量这个国家信息化、数字化、网络化以及现代化程度的重要标志。

基于此，我们编写了这本教材。虽然作者都比较年轻，但都从事专业教学一线，凭借多年来对 GIS 的热爱，对空间数据库技术悉心研究，取得了一些为实践所认可的经验。希望通过本书能为初学者提供系统、全面的数据库及空间数据库基础知识，使其能在尽量短的时间内理解数据库及空间数据库原理、方法，为以后从事空间数据库设计、建设及理论研究打下基础。本书可作为测绘类专业、计算机类专业及信息管理类专业学生的教材。

本书由陈国平、袁磊制定编写大纲和整体结构，编写分工如下：第 1 章由刘云彤(黄河水利职业技术学院)编写，第 2 章由何宽(黄河水利职业技术学院)编写，第 3 章由刘剑锋(黄河水利职业技术学院)编写，第 4 章由王双美(黄河水利职业技术学院)编写，第 5 章由袁磊(昆明理工大学)编写，第 6 章由陈国平(昆明理工大学、昆明冶金高等专科学校)编写，全书由陈国平主编和统稿。

本书在编写过程中参阅了大量的相关书籍和文献资料，在此谨向这些书籍和文献资料的作者们表示真挚的感谢！

由于编者水平所限，书中难免有错漏不妥之处，恳请读者批评指正。

编　者
2012 年 10 月

目 录

第1章 数据库基础知识 ··· 1
  1.1 数据库概述 ··· 1
  1.2 关系数据库 ·· 10
  1.3 关系数据库标准语言 SQL ·· 23

第2章 空间数据库理论基础 ··· 59
  2.1 空间数据库概述 ··· 59
  2.2 空间数据模型 ··· 69

第3章 空间数据库设计 ·· 78
  3.1 空间数据库设计概述 ··· 78
  3.2 用户需求分析 ··· 82
  3.3 概念结构设计 ··· 84
  3.4 逻辑结构设计 ·· 100
  3.5 物理结构设计 ·· 105

第4章 空间数据库的建立与维护 ·· 112
  4.1 海量空间数据组织 ··· 112
  4.2 空间数据库的建立 ··· 123
  4.3 空间数据库的维护 ··· 143

第5章 空间数据库技术应用实例 ·· 147
  5.1 概述 ··· 147
  5.2 Geodatabase ··· 147
  5.3 空间数据库引擎技术 ··· 152
  5.4 矿产资源规划空间数据库构建实例 ··· 157
  5.5 矿产资源规划空间数据库应用实例 ··· 174

第6章 空间数据库发展趋势 ··· 181
  6.1 时态空间数据库技术 ··· 181
  6.2 分布式空间数据库技术 ··· 182

6.3 空间数据仓库技术 …………………………………………………………… 184
6.4 数据中心 …………………………………………………………………… 186

参考文献……………………………………………………………………………… 188

第1章 数据库基础知识

【教学目标】

本章是学习《空间数据库应用》的基础知识,介绍了数据库管理技术的发展历程及各发展阶段的特点、数据库与数据模型;数据库系统领域中的常用术语;数据库系统的组成与结构。读者通过前期的学习,要达到的知识目标是了解数据库系统的各个组成部分和各种数据模型,理解关系数据库的各种概念及关系代数的运算,掌握关系数据库标准语言SQL的基本概念。同时,能力目标应达到熟悉和掌握SQL语言的数据定义、数据查询、数据更新和数据控制等功能的操作。

1.1 数据库概述

1.1.1 数据、数据管理与数据处理

数据、数据管理与数据处理是在学习数据库之前与数据库技术密切相关的三个基本概念。

1. 数据

数据是数据库中存储的基本对象,是指某一目标定性、定量描述的原始资料,包括数字、文字、符号、图形、图像以及它们能转换成的其他形式。数据用以荷载信息的物理符号,其本身并没有意义。信息是数据处理的结果,表示数据内涵的意义,是数据的内容和解释。例如用学号、姓名、年龄、系别这几个特征来描述学生时(2009021101,李峰,20,测绘工程系),这一记录就是一个学生的数据,又如用 X、Y 这一信息来表示某一点的平面位置,(3263245.462,21534357.126)这一记录就是描述某一个点的通用坐标数据。

2. 数据管理

数据库技术是基于数据管理的各项任务的需要而产生的。

数据管理是利用计算机硬件和软件技术对数据进行有效的收集、存储、处理和应用的过程。其目的在于充分有效地发挥数据的作用。实现数据有效管理的关键是数据组织。随着计算机技术的发展,数据管理经历了手工管理方式、文件管理方式、数据库管理方式三个发展阶段。这三个阶段的特点及其比较如表1.1所示。

表 1.1　　　　　　　　　　数据管理的三个阶段的比较

		手工管理阶段	文件管理阶段	数据库管理阶段
背景	应用背景	科学计算	科学计算、管理	大规模管理
	硬件背景	无直接存取存储设备	磁盘、磁鼓	大容量磁盘
	软件背景	无操作系统	有文件系统	有数据库管理系统
	处理方式	批处理	联机实时处理、批处理	联机实时处理、分布处理、批处理
特点	数据的管理者	用户(程序员)	文件系统	数据库管理系统
	数据面向的对象	某一应用程序	某一应用	现实世界
	数据的共享程度	无共享，冗余度极大	共享性差，冗余度大	共享性高，冗余度小
	数据的独立性	不独立，完全依赖程序	独立性差	具有高度的物理独立性和一定的逻辑独立性
	数据的结构化	无结构	记录内有结构、整体无结构	整体结构化，用数据模型描述
	数据的控制能力	由应用程序自身控制	由应用程序自身控制	由数据库管理系统提供数据安全性、完整性、并发控制和恢复能力

(1)手工管理方式

20 世纪 50 年代中期以前，计算机对数据的处理主要限于手工管理(或称人工管理、自由管理、程序管理)方式阶段，计算机主要用于科学计算，这种方式要求用户必须掌握数据在计算机内部的存储位置和方式，才能在程序中使用这些数据。将要处理的数据交给应用程序直接管理，因而数据冗余很大，无法让数据共享，数据也不可能长期保存，而且数据必须依附于程序(如图 1.1 所示)。手工管理方式具有如下特点：

①数据不存储。由于当时的计算机主要用于科学计算，一般不需要将数据长期保存，只是在计算某一项目课题时将数据输入，用完就取走。不仅对用户数据如此处理，对系统软件有时也是这样。

②无专门的数据管理软件。数据需要由应用程序自身管理，没有相应的软件系统负责数据的管理工作。应用程序中不仅要规定数据的逻辑结构，而且要设计物理结构，包括存储结构、存取方法、输入方式等，因而程序员的工作非常繁重。

③数据无共享。数据是面向应用的，一组数据只能对应一个程序。当多个应用程序涉及某些相同的数据时，由于必须各自定义，无法互相利用、互相参照，因此程序与程序之间有大量的冗余数据。

④数据不具有独立性。数据的逻辑结构或物理结构发生变化后，必须对应用程序做相应的修改，这就进一步加重了程序员的工作量。

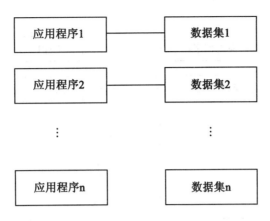

图 1.1　手工管理方式程序与数据之间的对应关系

(2) 文件管理方式

20 世纪 50 年代后期至 60 年代中期，计算机不仅应用于科学计算，还大量应用于经济管理，数据处理进入第二阶段——文件管理方式，这种方式是把数据集中存放在一个或多个数据文件中，用户在程序中通过一个名为"文件管理系统"的软件来使用数据文件中的数据，实现了按文件名访问，按记录存取的管理技术。文件管理仍是现在高级语言普遍采用的数据管理方式。在数据量较大的系统中，数据之间会存在着某种联系，文件系统中的数据就缺乏联系的结构。文件管理方式具有以下特点：

①数据长期存储。由于计算机大量用于数据处理，数据需要长期保留在外存上反复进行查询、修改、插入和删除等操作。

②由文件系统管理数据。由专门的软件即文件系统进行数据管理，文件系统把数据组织成相互独立的数据文件，利用"按文件名访问，按记录进行存取"的管理技术，可以对文件进行修改、插入和删除的操作。文件系统实现了记录内的结构性，但整体无结构。程序和数据之间由文件系统提供存取方法进行转换，使应用程序与数据之间有了一定的独立性，程序员可以不必过多地考虑物理细节，将注意力集中于算法。而且数据在存储上的改变不一定反映在程序上，大大节省了维护程序的工作量。

③数据共享性差，冗余度大。在文件系统中，一个文件基本上对应于一个应用程序，即文件仍然是面向应用的。当不同的应用程序具有部分相同的数据时，也必须建立各自的文件，而不能共享相同的数据，因此数据的冗余度大，浪费存储空间。同时由于相同的数据重复存储、各自管理，容易造成数据的不一致性，给数据的修改和维护带来了困难。

④数据独立性弱。文件系统中的文件是为某一特定应用服务的，文件的逻辑结构对该应用程序来说是优化的，因此要想对现有的数据再增加一些新的应用会相对困难，系统不容易扩充。一旦数据的逻辑结构改变，必须修改应用程序，修改文件结构的定义。应用程序的改变，例如应用程序改用不同的高级语言等，也将引起文件的数据结构的改变。因此数据与程序之间仍缺乏独立性。可见，文件系统仍然是一个不具有弹性的无结构的数据集合，即文件之间是独立的，不能反映现实世界事物之间的内在联系。在文件管理方式阶

段，程序与数据之间的关系如图 1.2 所示。

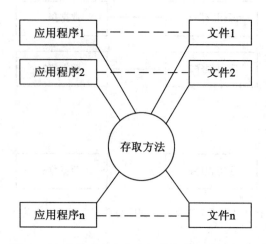

图 1.2　文件管理方式程序与数据之间的对应关系

(3) 数据库管理方式

20 世纪 60 年代后期，计算机性能得到提高，出现了大容量磁盘，磁盘容量大大增加且价格下降。在此基础上，使克服文件管理系统的不足而去满足和解决实际应用中多用户、多应用程序共享数据的要求成为可能，从而使数据为尽可能多的应用程序服务。在这样的背景下，进入数据处理发展的第三阶段——数据库管理方式，它把数据集中存放在一个数据库中，用户通过一个名为"数据库管理系统"的软件可以很方便地使用数据库中的数据。

这一阶段的特点是数据不再针对某一特定应用，而是面向全组织的，数据共享度高、冗余度小，具有整体的结构性，并且实现了对数据进行统一的控制。如图 1.3 所示。

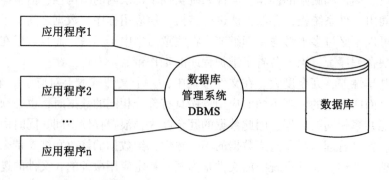

图 1.3　数据库管理方式程序与数据之间的对应关系

数据库系统的目标：解决数据冗余问题，实现独立性，实现数据共享并解决由于数据共享而带来的数据完整性、安全性及并发控制等一系列问题。为实现这一目标，数据库的运行必须有一个软件系统来控制，这个软件系统成为数据库管理系统(Data Base Management System，DBMS)。

在数据库系统中所建立的数据结构，更充分地描述了数据间的内在联系，便于数据修改、更新与扩充，同时保证了数据的独立性、可靠性、安全性与完整性，减少了数据冗余，故提高了数据共享程度及数据管理效率。

从文件管理系统到数据库管理系统，标志着数据管理技术质的飞跃。20世纪80年代后，微型机也配置了经过功能简化的数据管理软件，如常见的dBase，FoxBase，FoxPro及Microsoft Access等就是这一类软件，数据库技术得到广泛的应用和普及。

3. 数据处理

数据处理是指对数据进行收集、存储、分类、计算、加工、检索、传输和制表等处理的总称。数据处理的目的是为了对原始数据进行加工，从而得到我们所需要的有价值的数据。数据处理是系统工程和自动控制的基本环节，贯穿于社会生产和社会生活的各个领域。数据处理技术的发展及其应用的广度和深度，极大地影响着人类社会发展的进程。

数据处理离不开软件的支持，数据处理软件包括：用以书写处理程序的各种程序设计语言及其编译程序，管理数据的文件系统和数据库系统，以及各种数据处理方法的应用软件包。为了保证数据安全可靠，还有一整套数据安全保密的技术。

根据处理设备的结构方式、工作方式，以及数据的时间空间分布方式的不同，数据处理有不同的方式。不同的处理方式要求不同的硬件和软件支持。每种处理方式都有自己的特点，应当根据应用问题的实际环境选择合适的处理方式。数据处理主要有以下四种分类方式：

①根据处理设备的结构方式区分，有联机处理方式和脱机处理方式。

②根据数据处理时间的分配方式区分，有批处理方式、分时处理方式和实时处理方式。

③根据数据处理空间的分布方式区分，有集中式处理方式和分布处理方式。

④根据计算机中央处理器的工作方式区分，有单道作业处理方式、多道作业处理方式和交互式处理方式。

数据处理是对数据(包括数值的和非数值的)进行分析和加工的技术过程。包括对各种原始数据的分析、整理、计算、编辑等的加工和处理，比数据分析含义广。随着计算机的日益普及，在计算机应用领域中，数值计算所占比重很小，通过计算机数据处理进行信息管理已成为主要的应用。如测绘制图管理、仓库管理、财会管理、交通运输管理，技术情报管理、办公室自动化等。在地理数据方面既有大量自然环境数据(土地、水、气候、生物等各类资源数据)，也有大量社会经济数据(人口、交通、工农业等)，常要求进行综合性数据处理。故需建立地理数据库，系统地整理和存储地理数据减少冗余，发展数据处理软件，充分利用数据库技术进行数据管理和处理。

1.1.2 数据库与数据模型

在介绍数据库之前，引入三个最常用的基本概念。

1. 数据库(DataBase，DB)

数据库，顾名思义，是存放数据的仓库。只不过这个仓库是在计算机存储设备上且数据是按一定格式存放的。

人们收集并抽取一个应用所需要的大量数据之后，应将其保存起来以供进一步加工处理，进一步抽取有用信息。在科学技术飞速发展的今天，人们的视野越来越广，数据量急剧增加。过去人们把数据存放在文件柜中，现在人们借助计算机和数据库技术科学地保存和管理大量的复杂的数据，以便能方便而充分地利用这些宝贵的信息资源。

因此数据库是指长期存储在计算机内的、有组织的、可共享的数据集合。数据库中的数据按一定的数据模型组织、描述和存储，具有较小的冗余度、较高的数据独立性和易扩展性，并可为不同用户共享。

2. 数据库管理系统(Data Management System，DBMS)

数据库管理系统的建立是为了科学地组织和存储数据，高效地获取和维护数据。

数据库管理系统是位于用户与操作系统之间的一层数据管理软件。它主要功能包括以下几个方面：

(1) 数据定义功能

DBMS 提供数据定义语言(Data Definition Language，DDL)，用户通过它可以方便地对数据库中的数据对象进行定义。

(2) 数据操纵功能

DBMS 还提供数据操纵语言(Data Manipulation Language，DML)，用户可以使用 DML 操纵数据实现对数据库的基本操作，如查询、插入、删除和修改等。

(3) 数据库的运行管理

数据库在建立、运用和维护时由数据库管理系统统一管理、统一控制，以保证数据的安全性、完整性、多用户对数据的并发使用及发生故障后的系统恢复。

(4) 数据库的建立和维护功能

它包括数据库初始数据的输入、转换功能，数据库的转储、恢复功能，数据库的重组织功能和性能监视、分析功能等。这些功能通常是由一些实用程序完成的。

3. 数据模型

数据库系统研究的对象是现实世界中的客观事物，以及反映这些事物之间的相互联系。但这些事物及其联系不能以它们在现实世界中的形式进入计算机，因此必须对客观事物及其联系进行抽象转换，使其以便于计算机表示的形式进入计算机。数据模型是指数据库的组织形式，它决定了数据库中数据之间联系的表达方式，即把在计算机中表示客观事物及其联系的数据及结构称为数据模型。根据组织方式的不同，目前常用的数据模型有四种。

(1) 层次模型(Hierarchical Model)

层次模型是以记录数据为节点的树，节点之间的联系像一棵倒放的树，树根、树的分枝点、树叶都是节点。节点是分层的，树根是最高层。例如家谱、企事业中各部门编制之间的联系。

（2）网状模型(Network Model)

网状模型是以记录数据为节点的连通图，节点之间的联系像一张网，网上的连接点都是节点。节点之间是平等的，不分层次。例如同事、同学、朋友、亲戚之间的联系。

（3）关系模型(Relational Model)

关系模型中每个关系对应一张二维表，采用二维表来表示数据及其联系，表格与表格之间通过相同的属性建立联系。由于关系模型有很强的数据表示能力和坚实的数学理论，且结构单一、数据操作方便，最容易被用户接受，是目前应用最广的一种数据模型。例如学生成绩表、人事档案表。

20世纪80年代以来，世界知名数据库研发公司新推出的数据库管理系统几乎都支持关系模型，非关系系统的产品也大都加上了关系接口。数据库领域当前的研究工作也都是以关系方法为基础。因此本书关于空间数据库的基础理论的重点也将放在关系数据库上面。

（4）面向对象模型(Object Oriented Model)

面向对象数据库系统支持面向对象数据模型（以下简称OO模型）。

也就是说，一个面向对象数据库系统是一个持久的、可共享的对象库的存储和管理者；而一个对象库是由一个OO模型所定义的对象的集合体。

1.1.3 数据库系统

1. 数据库系统的定义和构成

数据库系统(DataBase System，DBS)是指在计算机系统中引入数据库后的系统，一般由数据库、数据库管理系统（及其开发工具）、应用系统、数据库管理员和用户构成，如图1.4所示。

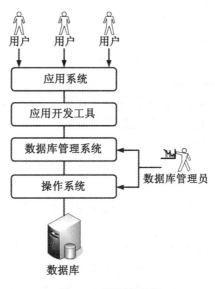

图1.4 数据库系统

包含数据库的计算机应用系统需要有足够大的内存空间来存放操作系统、DBMS、各类应用程序等，而且还需要有足够的外存空间来存储海量的数据信息。

DBMS对数据进行管理，是构成整个数据库系统运行的核心，是用户与数据库之间的接口。DBMS接收、分析并解释用户提出的命令请求，然后转到相应的处理程序去操纵（检索、存储、更新）数据库中的数据。

应当指出的是，数据库的建立、使用和维护等工作只靠一个DBMS是远远不够的，还要有专门的人员来完成，这些人被称为数据库管理员（DataBase Administrator，DBA），DBA负责数据库管理系统的全面维护工作，包括对数据库中的信息进行组织与存储，对数据库的性能及运行状况进行监控，对用户身份的合法性和有效性进行校验，从而保证数据库的正常生命周期。

2. 数据库系统的结构

美国ANSI/X3/SPARC的数据库管理系统研究小组为了提高数据库数据的逻辑独立性和物理独立性，于1975年、1978年提出标准化的建议，将数据库结构分为三级：外模式（external scheme）、概念模式（conceptual scheme）和内模式（internal scheme）。

外模式对应用户级数据库，是用户看到和允许使用的那部分数据逻辑结构，因此也称为用户视图（view）、子模式和局部逻辑结构。用户根据DBMS提供的子模式，用查询语言或应用程序去操纵数据库中的数据。

概念模式简称模式，对应概念级数据库，是对数据库的整体逻辑描述，因此也称为全局逻辑模式。通常也称为数据库管理员视图，因为这是数据库管理员所看到的数据库。它是所有用户视图的一个最小并集，它把用户视图有机地结合成一个逻辑整体。

内模式对应物理级数据库，又称存储模式，它包含数据库的全部存储数据，数据存储在内存、外存介质上，这些数据是用一定的文件组织方法组织起来的一个个物理文件。它是系统管理员看到的数据库，因此也称为系统管理员视图。

对一个数据库系统来说，实际上存在的只是物理级数据库，它是数据访问的基础。而概念级数据库是物理级数据库的一种抽象描述，用户级数据库是用户与数据库的接口。

用户根据子模式进行操作，通过子模式到模式的映射与概念级联系起来，又通过模式到存储模式的映射与物理级联系起来。一个数据库管理系统的中心工作就是完成三级数据库之间的转换，把用户对数据库的操作转化到物理级去执行。概念模式向物理模式映射的过程，是数据库管理系统在操作系统的支持下完成的。

3. 数据库系统的特点与功能

与人工管理和文件系统相比，数据库系统的特点及功能主要有以下几个方面：

（1）数据结构化

数据库系统实现整体数据的结构化，是数据库的主要特征之一，也是数据库系统与文件系统的本质区别。

在数据库系统中，数据不再针对某一应用，而是面向全组织，具有整体的结构化。不仅数据是结构化的，而且存取数据的方式也很灵活，可以存取数据库中的某一个数据项、一组数据项、一个记录或一组记录。而在文件系统中，数据的最小存取单位是记录，粒度不能细到数据项。

（2）数据的共享性高，冗余度低，易扩充

数据库系统从整体角度看待和描述数据，数据不再面向某一个应用而是面向整个系统，因此数据可以被多个用户、多个应用共享使用。数据共享可以大大减少数据冗余，节约存储空间。数据共享还能够避免数据之间的不相容性与不一致性。

所谓数据的不一致性是指同一数据不同拷贝的值不一样。采用人工管理或文件系统管理时，由于数据被重复存储，不同的使用和修改不同的拷贝时就很容易造成数据的不一致。在数据库中数据共享，减少了由于数据冗余造成的不一致现象。

（3）数据独立性高

数据独立性是数据库领域中的一个常用术语，包括数据的物理独立性和数据的逻辑独立性。

物理独立性是指用户的应用程序与存储在磁盘上的数据库中数据是相互独立的。也就是说，数据在磁盘上的数据库中怎样存储是由 DBMS 管理的，用户程序不需要了解，应用程序要处理的只是数据的逻辑结构，这样当数据的物理存储改变了，应用程序也不用改变。

逻辑独立性是指用户的应用程序与数据库的逻辑结构是相互独立的，也就是说，数据的逻辑结构改变了，用户程序也可以不变。

数据独立性是由 DBMS 的二级映像功能来保证的。

数据与程序的独立，是把数据的定义从程序中分离出去，加上数据的存取由 DBMS 负责，从而简化了应用程序的编制，大大减少了应用程序的维护和修改。

（4）DBMS 对数据进行统一的管理和控制

数据库的共享是并发（Concurrency）的共享，即多个用户可以同时存取数据库中的数据甚至可以同时存取数据库中的同一个数据。

为此，DBMS 还必须提供以下几个方面的数据控制功能：

①数据的完整性（Integrity）检查。保证数据的正确性，要求数据在一定的取值范围内互相之间满足一定的关系。比如规定考试成绩在 0 分到 100 分之间，血型只能是 A 型、B 型 AB 型和 O 型中的一种，等等。

②数据的安全性（Security）保护。让每个用户只能按指定的权限访问数据，防止不合法地使用数据，造成数据的破坏和丢失。比如学生对于课程的成绩只能进行查询，不能修改。

③并发（Concurrency）控制。对多用户的并发操作加以协调和控制，防止多个进程同时存取、修改数据库中的数据时发生冲突、造成错误。比如在学生选课系统中，某门课只剩下最后一个名额，但有两名学生在两台选课终端上同时发出了选这门课的请求，必须采取某种措施，确保两名学生不能同时拥有这最后一个名额。

④数据库恢复（Recovery）。当数据库系统出现硬件软件的故障或者遇上误操作时，DBMS 应该有能力把数据库恢复到最近某个时刻的正确状态上来。

（5）为用户提供了友好的接口

用户可以使用交互式的命令语言，如将在下一阶段介绍的 SQL（Structured Query Language，结构化查询语言）语言，对数据库进行操作；也可以把普通的高级语言（如 C++

语言等)和 SQL 语言结合起来，从而把对数据库的访问和对数据的处理有机地结合在一起。总而言之，用户可以很方便地对数据进行管理。

综上所述，数据库是长期存储在计算机内有组织的大量的共享的数据集合。它可以供各种用户共享，具有最小冗余度和较高的数据独立性。DBMS 在数据库建立、运用和维护时对数据库进行统一控制，以保证数据的完整性、安全性，并在多用户同时使用数据库时进行并发控制，在发生故障后对系统进行恢复。

数据库系统的出现使信息系统从以加工数据的程序为中心转向围绕共享的数据库为中心的新阶段。这样既便于数据的集中管理，又有利于应用程序的研制和维护，提高了数据的利用率和相容性，提高了决策的可靠性。

目前，数据库已经成为现代信息系统不可分离的重要组成部分。具有数百万甚至数十亿字节信息的数据库已经普遍存在于科学技术、工业、农业、商业、服务业和政府部门的信息系统。

1.2 关系数据库

关系数据库(relational database)是一个被组织成一组正式描述的表格的数据项的收集，这些表格中的数据能以许多不同的方式被存取或重新召集而不需要重新组织数据库表格。1970 年美国 IBM 公司 San Jose 研究室的 E. F. Codd 首次提出了数据库系统的关系模型，开创了数据库关系方法和关系数据理论的研究，为数据库技术奠定了理论基础。

标准用户和应用程序到一个关系数据库的接口是结构化查询语言(SQL)。SQL 声明被用来交互式查询来自一个关系数据库的信息和为报告聚集数据。

除了相对地容易创建和存取之外，关系数据库具有容易扩充的重要优势。在最初的数据库创造之后，一个新的数据种类能被添加而不需要修改所有的现有应用软件。

一个关系数据库是包含进入预先定义的种类之内的一组表格。每个表格(有时被称为一个关系)包含用列表示的一个或更多的数据种类。每行包含一个唯一的数据实体，这些数据是被列定义的种类。举例来说，典型的商业订单条目数据库会包括一个用列表示的描述一个客户信息的表格：名字、住址、电话号码，等等。另外的一个表格会描述一个订单：产品、客户、日期、销售价格，等等。

1.2.1 关系的定义

关系是建立在数学集合代数概念基础上的。通常把一个没有重复行和重复列的二维表格看成一个关系。例如下面的学生基本情况表就是一个关系。每个表有一个名字，即表名。表格中的每一行在关系中称为一个元组(对应数据库中的记录)，即表格中栏目名下的行。如姓名为"李川川"所在行的所有数据就是一个元组。

表格中的每一列在关系中称为一个属性，每个属性都要有一个属性名(对应数据库中的字段名)，它对应表格中的栏目名。如"学号"、"姓名"等都是属性。属性的取值范围称为域。

记录中的一个字段的取值，称为字段值或分量。记录值随着每一行记录的不同而变化。

为了在关系中区分不同的元组，若表中的某单个或属性组的值能唯一地确定一个元组则称该属性组为候选关键字。并且，一个候选关键字必须包含使得它能够在整个关系中是唯一的所必需的最小属性数。若一个关系有多个候选关键字，则选定其中一个作为主关键字。如果一个关键字只能用一个单一的属性，则称为单一关键字；如果是用两个或多个属性，则称为组合关键字。例如，在表1.2中，由于"学号"是唯一的，可以把它作为单一关键字，而"姓名"、"出生日期"由于存在重名情况，不可作为单关键字，则可把"姓名"和"出生日期"合起来作为组合关键字。包含在主关键字中的各属性称为主属性，不包含在主关键字中的属性称为非主属性。

表1.2　　　　　　　　　　　学生基本情况表

序号	学号	姓名	性别	出生日期	班级	学分
1	2009020301	李川川	男	1989-10-07	地籍测量0901	
2	2009021227	李春雷	男	1989-11-23	工程测量0903	
3	2009021015	罗萌	女	1990-02-18	摄影测量0902	
4	2009020236	吴鹏飞	男	1990-01-19	地理信息0901	
5	2009020145	张丽萍	女	1989-05-03	工程测量0901	
6	2009020523	邵明杰	男	1988-07-26	工程测量0906	
7	2009020312	宋晨霖	女	1990-03-01	摄影测量0901	
8	2009021108	薛晓娟	女	1991-04-15	地理信息0902	
…	…	…	…	…	…	

对于关系中的每个元组来说，主关键字必须具有一个唯一的值，记住这一点很重要，它意味着这个主关键字不能为空值。

现实世界中由于存在同名现象，如姓名、单位名等，为此人们普遍采用在原来关系中增加一个编号属性，如身份证号、学号，依次来确保唯一性。

关系与关系之间也存在着联系，这种联系采用关键字来联系。如表1.3、表1.4就与表1.2存在着联系。

在多个关系中，若某属性或属性组不是当前关系的关键字，但它是另一个关系的关键字，则称这个属性或者属性组是另一个关系的外部关键字。关系数据库中的各个关系模式，就是通过主关键字与外部关键字相互联系的。例如，在表1.4学生成绩关系中，学号是表1.2关系的外部关键字，课程编号是表1.3课程关系的外部关键字。

表1.3 课程表

课程编号	课程名称	课时	学分	课别
0105	高等数学(下)	90	12	公共课
0218	线性代数	60	8	公共课
1101	地形测量	60	10	专业基础课
0912	GIS原理	56	8	专业基础课
0215	控制测量	48	8	专业课
0326	摄影测量与遥感技术	48	8	专业课
0831	英语(二)	72	10	公共课
0796	计算机地图制图	56	6	专业课
3704	世界文学鉴赏	36	4	选修课
…	…	…	…	…

表1.4 学生成绩表

学号	课程编号	成绩	考试日期
2009020301	0105	99	2010年1月19日
2009021227	0218	88	2010年1月20日
2009021015	1101	87	2010年1月20日
2009020236	0912	76	2010年1月20日
2009020145	0215	92	2010年1月20日
2009020523	0326	85	2010年1月21日
2009020312	0831	80	2010年1月21日
2009021108	0796	92	2010年1月21日
2009020145	3704	91	2010年1月22日
2009021227	0326	83	2010年1月22日
2009021015	0912	95	2010年1月22日
2009021108	0105	79	2010年1月19日
…	…	…	…

表与表之间的关系实际就是按照某一关键字(主关键字和外部关键字),一个表中记录与另一个表中记录之间的关系。根据一个表中记录与另一个表中记录之间的对应数量关系,分为一对一关系、一对多(或多对一)关系、多对多关系。对我们有用的是一对多关系,一对一关系可以看成是一对多关系的特例,而多对多关系必须转换为一对多关系。

在关系数据库中,这种用来联系两个数据表的字段称为关键字段。关键字段在两个表中的地位是不同的。在"一"表中,关键字段称为原始关键字段。这里所谓的"一"表,指的是在一对多(或多对一)关系中分离出来的对应"一"的那个表,例如表 1.2、表 1.3。相应的"多"表,则是指"一"表的原始关键字对应的多条记录的表,例如表 1.4。关键字段在"多"表中称为外部关键字段。

原始关键字段的记录不允许重复,是唯一的。原始关键字段的值不能取空值,这就是关系模型的实体完整性。例如表 1.2 中的学号就不允许有两个学生相同,当然学号也不能取空值。原始关键字段的值也不允许随意改变,若改变了就会与"多"表中的记录联系不上,或者做出错误联系。若一定要改变,必须"一"和"多"中的记录同时改变,而且不能与已有的记录重复。

在"多"表中,外部关键字段的记录可以重复,但要求外部关键字段的值在"一"表中一定存在。不然这种记录就会在"一"中找不到对应记录,而变成一个无用的孤记录。即被参照的表中一定存在这样的记录,它的主关键字段的值等于参照表中的外部字段值,这就是参照完整性。

1.2.2　关系模式

对关系的描述称为关系模式。它包括关系名,组成该关系的各属性名,属性向域的映像,属性之间数据的依赖关系等。属性向域的映像常常直接说明为属性的类型、长度。

某一时刻相应某个关系模式的内容称为相应模式的状态,它是元组的集合,称为关系。

关系模式是稳定的,而关系是随时间不断变化的,因为关系模式中的数据在不断更新。但是,现实世界的许多已有事实限定了关系模式所有可能的关系必须满足一定的完整约束条件。这些约束或者通过对属性取值范围的限定,例如职工年龄小于 65 岁(65 岁之后必须退休),或者通过属性值间的相互关联(主要体现于值的相等与否)反映出来。关系模式应当刻画出这些完整性约束条件。

关系是关系模式在某一时刻的状态或内容。关系模式是静态的、稳定的,而关系是动态的、随时间不断变化的,因为关系操作在不断地更新着数据库中的数据。但在实际当中,人们常常把关系模式和关系都称为关系,这不难从上下文中加以区别。

1.2.3　关系操作

对关系实施的各种操作,包括选择、投影、连接、并、交、差、增、删、改等,这些关系操作可以用代数运算的方式表示,其特点是集合操作。

关系模型中常用的关系操作有两类:一类是查询操作,是数据库应用的主要内容,是各种操作的基础,它包括选择(Select)、投影(Project)、连接(Join)、除(Divide)、并(Union)、交(Intersection)、差(Difference)和笛卡儿积(Cartesian product)等;另一类是更新操作,是对数据库中的数据做增添新记录、删除和作废错误记录、修改变化了的记录等数据维护操作,简称为增、删、改操作。

表达(或描述)关系操作的关系数据语言可以分为以下三类。

(1)关系代数语言(简称关系代数)

关系代数是用对关系的运算来表达查询要求的方式,如 ISBL(Information System Base Language)。

(2)关系演算语言(简称关系演算)

关系演算使用谓语动词来表达查询要求的方式。关系演算又可以按照谓词变元的基本对象是元组变量还是域变量分为元组关系演算和域关系演算。元组演算语言的典型代表是QUEL,域关系演算语言的典型代表是 QBE(Query By Example)语言。关系代数、元组关系演算和域关系演算三种语言在表达能力上是完全等价的。

关系代数、元组关系演算和域关系演算均是抽象的查询语言,这些抽象的语言与具体的 DBMS 中实现的实际语言并不完全一样。但它们能用作评估实际系统中查询语言能力的标准或基础。

(3)具有关系代数和关系演算双重特点的语言

如 SQL 语言(Standard Query Language)。目前的计算机运营商提供给用户的关系数据库系统的关系数据语言是更加高级、更加方便的实际语言,除了提供上述语言的功能外,还提供了许多附加功能:如 SQL 不仅具有丰富的查询功能,而且具有数据定义和数据控制功能,是集查询、数据定义(DDL)、数据操纵(DML)和数据控制(DCL)于一体的关系数据语言。SQL 是关系数据库的标准语言。

1.2.4 关系代数

关系代数是一种抽象的查询语言,用对关系的运算来表达查询。关系代数又是一种代数的符号,其中的查询是通过向关系附加特定的操作符来表示的。作为研究关系数据语言的数学工具,关系代数的运算对象是关系,运算结果也为关系。关系代数用到的运算符包括四类:集合运算符、专门的关系运算符、算术比较符和逻辑运算符,比较运算符和逻辑运算符是用来辅助专门的关系运算符进行操作的,关系代数的运算主要分为传统的集合运算和专门的关系运算两类。

1. 传统的集合运算

传统的集合运算是二目运算,包括并、交、差和广义笛卡儿积四种运算。设关系 R 和关系 S 具有相同的目 n(即两个关系都有 n 个属性),并且相应的属性取自同一个域。

(1)并

关系 R 与关系 S 的并(Union)由属于 W 或属于 Y 的所有元组组成。记作:

$$R \cup S = \{t \mid t \in R \vee t \in S\}$$

其结果关系仍为 n 目关系。

(2)差

关系 R 与关系 S 的差(Difference)由属于 R 而不属于 S 的所有元组组成。记作:

$$R - S = \{t \mid t \in R \wedge t \notin S\}$$

其结果关系仍为 n 目关系。

(3)交

关系 R 与关系 S 的交(Intersection)由既属于 R 又属于 S 的所有元组组成。记作:

$$R \cap S = \{t \mid t \in R \wedge t \in S\}$$

其结果关系仍为 n 目关系。

(4)广义笛卡儿积

两个分别为 n 目和 m 目的关系 R 和 S 的广义笛卡儿积是一个 $(n+m)$ 列的元组的集合。元组的前 n 列是关系 R 的一个元组,后 m 列是关系 S 的一个元组。若 R 有 $k1$ 个元组,S 有 $k2$ 个元组,则关系 R 和关系 S 的广义笛卡儿积有 $k1 \times k2$ 个元组。记作:

$$R \times S = \{(r_1, \cdots, r_n, s_1, \cdots, s_m) \mid (r_1, \cdots, r_n) \in R \wedge (s_1, \cdots, s_m) \in S\}$$

例:假定现有两个关系 R 和 S 是关系学生的实例,R 和 S 的当前关系实例如表 1.5 和表 1.6 所示。

表 1.5　　　　　　　　　　　　关系 R 学生表

StudentNo(学号)	StudentName(姓名)	Age(年龄)	Class(班级)
2009020301	李川川	21	地籍测量 0901
2009020523	邵明杰	20	工程测量 0906
2009020312	宋晨霖	19	摄影测量 0901
2009021108	薛晓娟	18	地理信息 0902

表 1.6　　　　　　　　　　　　关系 S 学生表

StudentNo(学号)	StudentName(姓名)	Age(年龄)	Class(班级)
2009020301	李川川	21	地籍测量 0901
2009021227	李春雷	20	工程测量 0903
2009021015	罗萌	19	摄影测量 0902
2009020236	吴鹏飞	20	地理信息 0901

并集 $R \cup S$ 如表 1.7 所示。

表 1.7　　　　　　　　　　　　$R \cup S$ 学生表

StudentNo(学号)	StudentName(姓名)	Age(年龄)	Class(班级)
2009020301	李川川	21	地籍测量 0901
2009020523	邵明杰	20	工程测量 0906
2009020312	宋晨霖	19	摄影测量 0901
2009021108	薛晓娟	18	地理信息 0902
2009021227	李春雷	20	工程测量 0903
2009021015	罗萌	19	摄影测量 0902
2009020236	吴鹏飞	20	地理信息 0901

交集 $R \cap S$ 如表 1.8 所示。

表 1.8 $R \cap S$ 学生表

StudentNo(学号)	StudentName(姓名)	Age(年龄)	Class(班级)
2009020301	李川川	21	地籍测量 0901

由于 R 和 S 只有一个相同的元组，所以 $R \cap S$ 只含有 2009020301 "李川川" 这一个学生信息的元组。

进行差值计算时，由于学号为 2009020301 的元组既出现在 R 中又出现在 S 中，而学号为 2009020523、2009020312 和 2009021108 这三个元组只出现在 R 中，不出现在 S 中，所以差集 $R-S$ 中只包含这三个元组，如表 1.9 所示。

表 1.9 $R-S$ 学生表

StudentNo(学号)	StudentName(姓名)	Age(年龄)	Class(班级)
2009020523	邵明杰	20	工程测量 0906
2009020312	宋晨霖	19	摄影测量 0901
2009021108	薛晓娟	18	地理信息 0902

下面用简单的例子和图表来说明广义笛卡儿积的含义，假设关系 R 有两个属性，分别是 A 和 B；关系 S 有三个属性，分别是 B、C 和 D。R 的当前实例有两个元组，S 的当前实例有三个元组，如表 1.10 和表 1.11 所示。

表 1.10   笛卡儿积关系 R

A	B
a	l
b	n

表 1.11   笛卡儿积关系 S

B	C	D
f	g	h
l	x	y
n	p	x

那么在关系 $R \times S$ 中，关系模式应该有 5 个属性：A、$R \cdot B$、$S \cdot B$、C 和 D，$R \times S$ 有 6 个元组，如表 1.12 所示。

表 1.12　　　　　　　　　　　笛卡儿积关系 R×S

A	R·B	S·B	C	D
a	l	f	g	h
a	l	l	x	y
a	l	n	p	x
b	n	f	g	h
b	n	l	x	y
b	n	n	p	x

2. 专门的关系运算

专门的关系运算包括选择、投影、连接、除等。

(1) 选择

选择运算(Selection)是在关系中选择满足某种条件的元组。其中的条件是以逻辑表达式给出的，使得逻辑表达式的值为真的元组将被选取。这是从行的角度进行的运算，即水平方向抽取元组。经过选择运算得到的结果元组可以形成新的关系，其关系模式不变，但其中元组的数目小于等于原来的关系中元组的个数，它是原关系的一个子集。

设关系 R 为 n 元关系，则 R 关系的选择操作记作：

$$\sigma_F(R) = \{t \mid t \in R \wedge F(t) = '真'\}$$

其中 F 表示选择条件，它是一个逻辑表达式，取逻辑值"真"或者"假"。

逻辑表达式 F 的基本形式为：

$$X_1 \theta Y_1 [\phi X_2 \theta Y_2 \cdots]$$

其中 θ 表示比较运算符，它可以是 >，≥，<，≤，= 或 ≠；X_1，Y_1 等是属性名、常量或简单函数，属性名也可以用它的序号（1，2…）来代替；Φ 表示逻辑运算符，它可以是 ¬，∧ 或 ∨；[ ] 表示任选项，即 [ ] 中的部分可以要也可以不要；…表示上述格式可以重复下去。因此，选择运算实际上是从关系 R 中选取使逻辑表达式 F 为真的元组。这是从行的角度进行的运算。

举例说明该运算，如表 1.2 学生基本情况表，设该表为 S，试找出满足条件性别＝"女"的元组集。选择条件为：性别＝"女"，用关系代数表示为

$$\sigma_{性别='女'}(S)$$

结果如表 1.13 所示。

表 1.13　　　　　　　　　　　选择后的学生信息表

学号	姓名	性别	出生日期	班级	学分
2009021015	罗萌	女	1990-02-18	摄影测量 0902	
2009020145	张丽萍	女	1989-05-03	工程测量 0901	
2009020312	宋晨霖	女	1990-03-01	摄影测量 0901	
2009021108	薛晓娟	女	1991-04-15	地理信息 0902	

(2) 投影

投影运算(Projection)是从关系中挑选出若干属性组成新的关系。这是从列的角度进行的运算，相当于对关系进行垂直分解。经过投影运算可以得到一个新关系，其关系模式所包含的属性个数在大多数情况下比原关系少，或者属性的排列顺序不同。因此，投影运算提供了垂直调整关系的手段。如果新关系中包含重复元组，则要删除重复元组。

设关系 R 为 n 元关系，则 R 关系的投影操作记作：

$$\prod_A(R) = \{t[A] \mid t \in R\}$$

其中 A 为 R 的属性列。

依然以表 1.2 为例，如果要列出所有学生的学号、姓名和性别，关系代数表示为：

$$\prod_{学号, 姓名, 性别}(学生)$$

结果如表 1.14 所示。

表 1.14　　　　　　　　　　投影运算学生信息表

学号	姓名	性别
2009020301	李川川	男
2009021227	李春雷	男
2009021015	罗萌	女
2009020236	吴鹏飞	男
2009020145	张丽萍	女
2009020523	邵明杰	男
2009020312	宋晨霖	女
2009021108	薛晓娟	女

(3) 自然连接

连接(Join)是从两个关系的笛卡儿积中选取属性间满足一定条件的元组。两个关系 R 和 S 的自然连接(Natural join)，记作 $R \bowtie S$，得到一个新的关系，其关系模式是 R 和 S 模式的并集。$R \bowtie S$ 所拥有的元组是这样产生的：假设 $A_1, A_2, \cdots, A_n$ 是 R 和 S 模式中的公共属性，那么如果 R 的元组 r 和 S 的元组 s 在这些属性上取值都相同，r 和 s 连接而成的元组就归入 $R \bowtie S$ 中。

对于表 1.10 和表 1.11 中的两个关系 R 和 S，其自然连接应该如表 1.15 所示。

表 1.15　　　　　　　　　　关系 R 与 S 的自然连接

A	B	C	D
a	l	x	y
b	n	p	x

R 和 S 只有一个公共属性：B。关系 R 的第 1 个元组与关系 S 的第 2 个元组在属性 B 上的取值均为 l，因此将它们组合得到的新元组 (a, l, x, y) 归入 $R \bowtie S$ 中；关系 R 的第 2 个元组和关系 S 的第 3 个元组在属性 B 上的取值均为 n，因此也将它们组合而成的新元组 (b, n, p, x) 归入 $R \bowtie S$ 中。

注意：只有两个关系的元组在所有公共属性上取值都相同，才可以将它们的组合放入两个关系的自然连接中。

例：两个关系 U 和 V，有两个共同属性 B 和 C，如表 1.16 和表 1.17 所示。

表 1.16　　　　　　　　　　　　关系 U

A	B	C
e	a	c
e	b	c

表 1.17　　　　　　　　　　　　关系 V

B	C	D
a	b	d
a	c	f
g	c	h

那么，U 和 V 的自然连接应该如表 1.18 所示。

表 1.18　　　　　　　　　　关系 U 和 V 的自然连接

A	B	C	D
e	a	c	f

关系 U 的第 1 个元组和关系 V 的第 1 个元组只在属性 B 上取值相同，在属性 C 上取值不同，因此不能将二者组合放入自然连接的结果关系。同理，逐一分析可得，U 和 V 的自然连接只含有一个元组，即 U 的第 1 个元组和 V 的第 2 个元组组合而成的元组。

(4) θ 连接

两个关系 R 和 S 基于条件 C 的 θ 连接用下式表示：

$$R \bowtie_C S$$

它是这样得到的：先作 R 和 S 的笛卡儿积，然后从 $R \times S$ 的元组中选取满足条件 C 的元组集合。显然，R 与 S 的 θ 连接其关系模式应该与 $R \times S$ 相同，即为 R 和 S 模式的并集。

以表 1.10 和表 1.11 中的关系 R 和 S，如下表达式：

$$R \bowtie_{R.B \neq S.B} S$$

其结果应该如表 1.19 所示。

表1.19　　　　　　　　　　　　　关系 R 与 S 的 θ 连接

A	$R \cdot B$	$S \cdot B$	C	D
A	l	f	g	h
A	l	n	p	x
B	n	f	g	h
B	n	l	x	y

和选择运算的条件 C 类似，θ 连接中的条件 C 也可以是用"AND"、"OR"等运算将子条件连接而成的复杂条件。

(5) 除

给定关系 $R(X, Y)$ 和 $S(Y, Z)$，其中 X, Y, Z 为属性组。R 中的 Y 与 S 中的 Y 可以有不同的属性名，但必须出自相同的域集。R 与 S 的除运算(Division)得到一个新的关系 $P(X)$，P 是 R 中满足下列条件的元组在 X 属性列上的投影，元组在 X 上分量值 x 的像集 Y_x 包含 S 在 Y 上的投影的集合，记作：

$$R \div S = \{t_r[X] \mid t_r \in R \wedge \prod_Y S \subseteq Y_x\}$$

其中 Y_x 为 x 在 R 中的像集，$x = t_r[X]$。

除操作是同时从行和列角度进行运算。

设 R 与 S 分别为表1.20和表1.21所表达的关系，$R \div S$ 的结果如表1.22所示。

表1.20　　　　　　　　　　　　　　除运算关系 R

A	B	C
a_1	b_1	c_2
a_2	b_3	c_5
a_3	b_4	c_6
a_1	b_2	c_3
a_4	b_6	c_6
a_2	b_2	c_3
a_1	b_2	c_1

表1.21　　　　　　　　　　　　　　除运算关系 S

B	C	D
b_1	c_2	d_1
b_2	c_1	d_1
b_2	c_3	d_2

在关系 R 中，A 可以取 4 个值 $\{a_1, a_2, a_3, a_4\}$。其中：

a_1 的像集为 $\{(b_1, c_2), (b_2, c_3), (b_2, c_1)\}$

a_2 的像集为 $\{(b_3, c_5), (b_2, c_3)\}$

a_3 的像集为 $\{(b_4, c_6)\}$

a_4 的像集为 $\{(b_6, c_6)\}$

S 在 (B, C) 上的投影为 $\{(b_1, c_2), (b_2, c_1), (b_2, c_3)\}$

显然只有 a_1 的像集 $(B, C)_{a1}$ 包含了 S 在 (B, C) 属性组上的投影，所以 $R \div S = \{a_1\}$

表 1.22　　　　　　　　　　　　　　$R \div S$ 结果

A
a_1

本节介绍了 8 种关系代数运算，其中并、差、笛卡儿积、投影和选择 5 种运算为基本的运算。其他 3 种运算，即交、连接（包括自然连接和 θ 连接）以及除，均可以用这 5 种基本运算来表达。引进它们并不增加语言的能力，但可以简化表达。

1.2.5　关系演算

关系演算是以数理逻辑中的谓词演算为基础的。以谓词演算为基础的查询语言称为关系演算语言。用谓词演算作为数据库查询语言的思想最早见于 Kuhns 的论文。关系演算按谓词就元的不同分为元组关系演算和域关系演算。

1. 元组关系演算语言 ALPHA

元组关系演算以元组变量作为谓词变元的基本对象。典型的元组关系演算语言是 E. F. Codd 提出的 ALPHA 语言，但这一语言并没有实际实现。现在关系库管理系统 INGRES 所用的 QUEL 语言是参照 ALPHA 语言研制的，与 ALPHA 十分相似。

ALPHA 语言语句的基本格式是：

操作语句　工作空间名（表达式）：操作条件

基本格式中，操作语句主要有 GET、PUT、HOLD、UPDATE、DELETE 和 DROP 六条语句，其中分为检索查询操作和更新操作，更新操作包含修改操作、插入操作和删除操作。工作空间是用户与系统的通信区，它可以用一个字母表示，通常用 W 表示；表达式用于指定语句的操作对象，它可以是关系名和属性名，一条语句可以同时操作多个关系或多个属性；操作条件是一个逻辑表达式，它用于将操作结果限定在满足条件的元组中，操作条件可以为空；除此之外，还可以在基本格式的基础上加上排序要求，定额要求等。

2. 域关系演算语言 QBE

域关系演算是另一种形式的关系演算。域关系演算以元组变量的分量（即域变量）作为谓词变元的基本对象。QBE 是一个很有特色的域关系演算语言，由 M. M. Zloof 于 1975 年提出，于 1978 年在 IBM370 上得以实现。QBE 是 Query By Example（即通过例子进行查询）的简称，它是一种关系语言，同时也指使用此语言的关系数据库时的系统，QBE 具有以下特点：

（1）QBE 是交互式语言

操作方式非常特别。它是一种高度非过程化的基于屏幕表格的查询语言，用户通过终端屏幕编辑程序以填写表格的方式构造查询要求，而查询结果也是以表格形式显示，因此具有直观和可对话的特点。

（2）QBE 是表格语言

QBE 是在显示屏幕的表格上进行查询，所以具有"二维语法"的特点，而其他语言的语法则是线性的。

（3）QBE 是基于例子的查询语言

QBE 的意思就是通过例子查询，它的操作方法对用户来讲容易掌握，特别为缺乏计算机和数学知识的非计算机专业人员所接受，QBE 中用示例元素来表示查询结果可能的例子，示例元素实质上就是域变量。

1.2.6 关系的完整性

关系模型的完整性是指实体完整性、参照完整性和用户定义的完整性。

实体完整性和参照完整性是关系模型必须满足的完整性约束条件，被称作是关系的两个不变性，应该由关系系统自动支持。

1. 实体完整性

如果某个属性是由一个基本关系的主关键字组成(主属性)，则该属性不能取空值。

关系数据库中有各种关系，如基本关系(常称基本表)、查询表、视图表等。基本表是实际存在的表，它是实际存储数据的逻辑表示。查询表是查询的结果所对应的表。视图表是由基本表或视图导出的表，是虚表，不对应实际存储的数据。实体完整性是针对基本关系的。

空值是"不知道"或者"无意义"的值。

对于实体完整性说明如下：

①一个基本关系通常对应现实世界的一个实体集，例如学生关系对应学生的集合。

②现实世界中实体是可区分的，即它们具有唯一性标识。

③关系模式中由主码作为唯一性标识。

④主码不能取空值。因为主码去控制说明存在某个不可标识的实体，而这和第②条矛盾，即不存在这样的实体。

2. 参照完整性

参照完整性是定义建立关系之间联系的主关键字与外部关键字引用的约束条件。

关系数据库中通常都包含多个存在相互联系的关系，关系与关系之间的联系是通过公共属性来实现的。所谓公共属性，它是一个关系 R(称为被参照关系或目标关系)的主关键字，同时又是另一关系 K(称为参照关系)的外部关键字。如果参照关系 K 中外部关键字的取值，要么与被参照关系 R 中某元组主关键字的值相同，要么取空值，那么在这两个关系间建立关联的主关键字和外部关键字引用，符合参照完整性规则要求。如果参照关系 K 的外部关键字也是其主关键字，根据实体完整性要求，主关键字不得取空值，因此，

参照关系 K 外部关键字的取值实际上只能取相应被参照关系 R 中已经存在的主关键字值。

在学生管理数据库中，如果将选课表作为参照关系，学生表作为被参照关系，以"学号"作为两个关系进行关联的属性，则"学号"是学生关系的主关键字，是选课关系的外部关键字。选课关系通过外部关键字"学号"参照学生关系。

3. 用户定义的完整性

实体完整性和参照完整性用于任何关系数据库系统。用户定义的完整性则是针对某一具体数据库的约束条件，由应用环境决定，它反映某一具体应用所涉及的数据必须满足的语义要求。关系模型系统应提供定义和检验这类完整性的机制，以便用统一的系统的方法处理它们而不需要由应用程序承担这一功能。例如某个属性必须取唯一值、某些属性值之间应满足一定的函数关系、某个属性的取值范围在 0～100 之间等。

1.3 关系数据库标准语言 SQL

SQL(Structured Query Language)，可读作"sequel"，即结构化查询语言，是国际化标准组织通过的关系数据库的标准语言，包括数据定义、查询、操纵和控制四种功能，SQL 是一个通用的、功能极强的关系数据库语言。其功能不仅仅是查询。当前，几乎所有的关系数据库管理系统软件如 Oracle、SQL Server、My SQL、Access 等都支持 SQL，许多软件运营商对 SQL 基本命令集还进行了不同程度的扩充和修改。SQL 是实现数据库操作的一个最常用的途径，即使是在应用程序中，对数据库的操作也是通过嵌入到语句中的 SQL 语句完成的。因此，学好 SQL 语言是学好该课程的前提，也是本书的重点。

1.3.1 SQL 概述

自 SQL 称为国际标准语言之后，世界各地的很多数据库运营商和厂家纷纷推出各自的 SQL 软件或与 SQL 的接口软件。这就使大多数数据库均采用 SQL 作为共同的数据存取语言和标准接口，使不同数据库系统之间的互操作有了共同的基础。SQL 已成为数据库领域中的主流语言。这个意义十分重大。有人把确立 SQL 为关系数据库语言标准及其后的发展称为是一场革命。

1. SQL 的产生与发展

1970 年，美国 IBM 研究中心的 E. F. Codd 提出了关系模型，并连续发表了多篇论文，人们对关系数据库的研究也日渐深入。1972 年 IBM 公司开始研制实验型关系数据库管理系统 SYSTEM R，并为其配置了 Square(Specifying Queries Relational Expression)查询语言。1974 年，Boyce 和 Chamberlin 在 SquareE 语言的基础上进行了改进，产生了 Sequel(Structured English Quary Language)语言，后来 Sequel 简称为 SQL，即"结构式查询语言"。

SQL 是一个综合的、功能极强的语言，且具有使用方便灵活、语言简洁、易学的优点，所以很快被业界接受。1986 年 10 月，经美国国家标准局(American National Standard Insitute, ANSI)的数据库委员会 X3H2 批准，SQL 被作为关系数据库语言的美国标准，同年公布了标准 SQL 文本(简称 SQL-86)。1987 年 6 月，国际标准化组织(International

Organization For Standardization，ISO）也通过这一标准。随着数据库技术的不断发展，SQL标准也被不断的丰富和发展。ANSI 在 1989 年 10 月又颁布了增强完整性特征的 SQL89 标准。1992 年发布了 SQL（1992）标准（被称为 SQL2），1999 年发布了 SQL（1999）（称为 SQL3）。

本书的讲解主要遵循 SQL2 标准，由于是教学用书，而不是 SQL 语言的使用手册，所以只能涵盖 SQL 最常用的一些特性，读者在实际使用中遇到的个别问题，可以查阅相关手册。

2．SQL 的基本概念

SQL 支持关系数据库三级模式结构。其中外模式对应于视图和部分基本表，模式对应于基本表，内模式对应于存储文件。但术语与传统关系模型术语不同，在 SQL 中，关系模式称为"基本表"，存储模式称为"存储文件"，子模式称为"视图"，元组称为"行"，属性称为"列"。如图 1.5 所示。

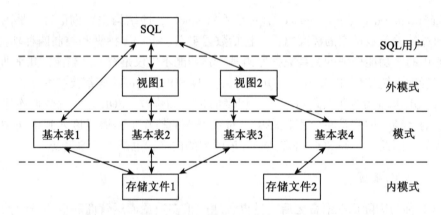

图 1.5　SQL 关系数据库三级模式结构

以下是 SQL 的相关概念：

①一个 SQL 数据库是表的汇集。

②一个 SQL 表由行集构成，行是列的序列，每列对应一个数据项。

③表可以是基本表，也可以是视图。基本表是实际存储在数据库中的表。视图是从一个或几个基本表导出的表，它本身不独立存储在数据库中，即数据库中只存放视图的定义而不存放视图对应的数据，这些数据仍存放在导出视图的基本表中，因此视图是一个虚表。视图在概念上与基本表等同，用户可以在视图上再定义视图。

④一个基本表可以跨一个或多个存储文件，一个存储文件也可存放一个或多个基本表。另外，一个表可以带若干索引，索引也存放在存储文件中，存储文件与物理文件对应。

⑤用户可以用 SQL 语句对表进行操作，包括视图和基本表。基本表和视图一样，都是关系。

⑥SQL 的用户可以是应用程序，也可以是终端用户。

3. SQL 的特点

SQL 之所以能够为广大用户和计算机工业界所接受，并成为国际标准，是因为它是一个综合的、功能极强同时又简捷易学的语言。SQL 集数据查询、操纵、定义和控制功能于一体，主要特点包括以下几点：

①综合统一。SQL 语言集数据定义语言、数据操纵语言和数据控制语言的功能于一体，语言风格统一，可以独立完成数据库生命周期中的全部活动，为数据库应用系统提供了良好的环境。用户在数据库系统投入运行后，还可以根据需要随时地、逐步地修改模式，且不影响数据库的运行，从而使系统具有良好的可扩展性。

②高度非过程化。非关系数据模型的数据操纵语言是"面向过程"的，即是"过程化"的语言，用户不但要知道"做什么"，而且还应该知道"怎样做"，对于 SQL，用户只需要提出"做什么"，无须具体指明"怎么做"，例如，存取位置、存取路径选择、具体处理操作过程均由系统自动完成。这种高度非过程化的特性大大减轻了用户的负担，使得用户更能集中精力考虑要"做什么"和所要得到的结果，并且存取路径对用户来说是透明的，有利于提高数据的独立性。

③面向集合的操作方式。在非关系数据模型中，采用的是面向记录的操作方式，即操作对象是一条记录。操作过程非常冗长复杂。而 SQL 语言采用的是面向集合的操作方式，且操作对象和操作结果都可以是元组的集合。

④统一的语法结构提供两种使用方式。SQL 可用于所有用户，通过自含式语言和嵌入式语言两种方式对数据库进行访问，前者是用户直接通过键盘输入 SQL 命令，后者是将 SQL 语句嵌入到高级语言(如 C、C++、VB、VC++、Java、C#等)程序中。这两种方式使用的是同一种语法结构。

⑤语言简洁，易学易用。尽管 SQL 的功能很强，但语言十分简洁，完成核心功能只需要使用 9 个动词：数据查询(Select)、数据定义(创建 Create，移除 Drop，修改 Alter)、数据操纵(插入 Insert，更新 Update，删除 Delete)和数据控制(授权 Grant，取消授权 Revoke)。

1.3.2 数据定义

SQL 语言的数据定义功能包括定义表、定义视图和定义索引，这里的定义实质上还包括对数据结构的定义、修改和删除。基本表和视图都是表，但基本表是实际存储在数据库中的表，视图是虚表，它是从基本表或其他视图中导出的表。

由于视图是基于基本表的虚表，索引又是依附于基本表的，大多数 RDBMS 支持的 SQL 语言，通常没有提供对视图和索引定义的修改操作，用户如果想修改这些对象的定义，只能先将其删除，然后再重建，但有些新的关系数据库管理系统软件提供了 SQL 语言修改视图的功能。在 SQL 中，一般将关系称为表(Table)。

1. 定义数据库

SQL Server 中数据库的创建可用 CREATE 语句来实现，基本命令格式为：

CREATE DATABASE <数据库名>

例如建立学生信息数据库的命令为：

CREATE DATABASE Student

当一个数据库及其所属的基本表、视图等都不需要时,可以用 Drop 语句删除这个数据库,其基本命令格式为:

DROP DATABASE <数据库名>

2. 定义基本表

建立表的第一步就是定义基本表的结构。SQL 语言使用 CREATE TABLE 语句定义基本表,其基本格式如下:

CREATE TABLE <表名>(
   A1 <数据类型>,
   A2 <数据类型>,
   A3 <数据类型>,
   ……
   An <数据类型>;)

其中,CREATE TABLE 是关键字,表示我们将要定义一个新的关系模式;圆括号里的 A1,A2,A3,…,An 是关系的属性名,每个属性名后面的数据类型就代表该属性对应的数据类型。系统执行了这条建表语句之后,就会在数据库中新建一个表,这个表里面还没有任何元组,直到系统执行了向表中插入元组的插入语句为止。

例:以前的例子曾经描述过关系 Student 的模式:Student(StudentNo,StudentName,Age,Class)。对于学号 StudentNo,我们决定把它说明为整数类型;StudentName 说明为 8 个字符的定长字符串;年龄 Age 也用整数类型;班级 Class 用最多为 20 个字符的变长字符串类型。现在用如下语句将其建成 SQL 中的一个表:

CREATE TABLE Student(
   StudentNo INT,
   StudentName CHAR(8),
   Age INT,
   Class VARCHAR(20));

这只是一种最简单的描述,在实际应用中,我们通常要对某些属性做一定的约束,例如规定其不能为空,单值约束或者设定默认值等。这些约束写在相应属性数据类型的后面就可以了。NOT NULL 表示某个属性的分量值不能为空。UNIQUE 表示对某个属性进行单值约束;DEFAULT 用来指定某个属性的分量的默认值。

例:规定学号 StudentNo 不能为空,且对其进行单值约束;对于年龄 Age,默认值为 18;则建表语句变为:

CREATE TABLE Student(
   StudentNo INT NOT NULL UNIQUE,
   StudentName CHAR(8),
   Age INT DEFAULT 18,
   Class VARCHAR(20));

执行完这条建表语句后,数据库中有了一个新表 Student,此表暂时为空。

需要说明的是，不同的 DBMS 中支持的数据类型不完全相同。一个属性选用哪种数据类型要根据实际情况来决定，一般从取值范围和要做哪些运算两个方面来考虑，表 1.23 罗列了 SQL2 提供的主要数据类型。

表 1.23　　　　　　　　　　　　SQL2 提供的主要数据类型

类型	数据类型及缩写	说明
Character	CHAR(n)	长度为 n 的定长字符串
	VARCHAR(n)	可变长度字符串
Numeric	INT	整型
	SMALLINT	短整型
	NUMERIC(p, d)	定点数，p 位数(不含符号、小数点)组成，
	DECIMAL(p, d)	小数后有 d 位数字
	FLOAT(n)	精度为 n 的浮点型
	REAL	机器精度的浮点型
	DOUBLE	双精度浮点型
Boolean	BOOLEAN	BOOLEAN 数据类型存储 TRUE、FALSE 或 UNKNOWN
Temporal	DATE	日期型
	TIME	时间型
	TIMESTAMP	存储按机器当前运行时间的计算值
	INREVAL	指定一个时间间隔
Bit string	BIT(n)	二进制和十六进制定长数据
	BITVARYING(n)	可变长度二进制和十六进制
Binary	Binary large object	BLOB 数据类型以十六进制格式存储二进制字符串的值

3. 修改基本表

基本表建成后，可以根据实际需要对基本表的结构进行修改，包括增加新的列或增加新的完整性约束条件、删除原有不再需要的列或删除旧的完整性约束条件。其基本命令格式为：

ALTER TABLE <表名>[ADD <新列名><数据类型>[完整性约束]][DROP<完整性约束名><完整性约束名>][MODIFY<列名><数据类型><数据类型>]；

例：向 Student 表中增加一个"家庭住址"的 HomeAddress 的属性列，类型为 VARCHAR 型。

ALTER TABLE Student ADD HomeAddress VARCHAR(100)；

需要说明的是，这是笔者在可变长度 VARCHAR 型后加了长度为 100 的可变长度字符串。

在 Student 表中增加"年龄"的 Age 属性列，类型为 SMALLINT 型。

ALTER TABLE Student ADD Age SMALLINT；

新增加的列不能定义为 NOT NULL。基本表在增加一列后，原有元组在新增加的列上的值都被定义为空值(NULL)。

在 Student 表中删除"家庭住址"的 HomeAddress 的属性列。

ALTER TABLE Student DROP COLUMN HomeAddress；

在 Student 表中删除关于学号必须取唯一值的约束。

ALTER TABLE Student DROP UNIQUE(StudentNo)；

在 Student 表中将"学号"属性列的长度修改为 20 位。

ALTER TABLE Student MODIFY StudentNo CHAR(20)；

4. 删除基本表

当某个基本表不再需要时，需要将其删除，以释放其所占的空间资源，删除基本表可以使用 DROP TABLE 语句实现，其格式如下：

DROP TABLE <表名>[RESTRICT｜CASCADE]

此处 RESTRICT 和 CASCADE 选项的使用与前面句法中的语义相同。需要注意的是，一旦对一个基本表执行了此删除操作后，该表中所有的数据也就丢失了，所以对于删除表的操作，用户一定要慎用。

例：假设已经存在一个表，表名为"临时表"TemporaryTab，现将其删除，并将与该表相关的其他数据库对象一并删除。

DROP TABLE TemporaryTab CASCADE；

前面曾经提到过，不同的数据库产品对于 SQL 语言的支持会有所不同，对于 RESTRICT 和 CASCADE 选项，目前居于主流的 Oracle9i 数据库只有 CASCADE 选项，而 SQL Server 数据库这两个选项都没有。

5. 建立索引

建立索引是加快查询速度的有效方法。索引实际上是根据关系(表)中某些字段的值建立一棵树型结构的文件。索引文件中存储的是按照某些字段的值排列的一组记录号，每个记录号指向一个待处理的记录，因此，索引实际上可以理解为根据某些字段的值进行逻辑排列的一组指针。在日常生活中，经常会遇到索引，如图书目录，工业词典索引等，通过索引可以大大提高查询的速度，但索引的功能仅限于查询。

目前，很多 DBMS 系统软件运营商和开发商直接使用主键的概念建立索引，方法是建立基本表时直接定义主键，即建立了主索引，一个表只能有一个主索引，同时用户还可以建立其他索引，不同的 DBMS 略有区别，如 VFP 有主索引、候选索引、普通索引和唯一索引 4 种类型的索引；Access 中有重复索引和非重复索引；SQL Server 中则是聚簇索引、非聚簇索引和唯一索引。

建立索引的基本命令格式为：

CREATE [UNIQUE][CLUSTER] INDEX <索引名> ON <表名>(<列名>[<次序>][，<列名>[<次序>]]…)；

其中，<表名>是指要建立索引的基本表的名字，<索引名>是用户自己为建立索引起的名字。索引可以建立在该表的一列或多列上，各列名之间用逗号分隔，这种由两列或多列属性组成的索引称为复合索引(Composite Index)。每个列名后面还可以指定<次序>，即索引值的排列次序，可选 ASC(升序)或 DESC(降序)，缺省值为 ASC。UNIQUE 表示每一个索引值对应唯一的数据记录。

例：为 Student 表建立索引 STU_INDEX_AGE，要求按年龄从小到大升序排列。
CREATE INDEX STU_INDEX_AGE ON Student(Age);

6. 删除索引

索引建立后，系统会自动对其进行选择和维护，无需用户干预。如果数据频繁地增加、修改或删除，系统会花大量的时间来维护索引，不仅达不到建立索引减少查询时间的目的，反而降低了系统整体的效率。因此，用户可以根据实际需要删除一些不必要的索引。删除索引的基本命令格式为：

DROP INDEX <索引名>;

例如可以删除学生信息表中的年龄索引：

DROP INDEX STU_INDEX_AGE;

需要注意的是，该命令不能删除由 CREATE TABLE 或者 ALTER TABLE 命令创建的主键 PRIMARY 和唯一性约束 UNIQUE 索引，也不能删除系统表中的索引，这些约束条件必须用 ALTER TABLE…DROP 命令来完成。

1.3.3 数据查询

建立数据库的目的就是为了对数据库进行操作，以便能够从中提取有用的信息。在前面的内容中已经对数据库及其表结构进行了定义，从本节开始将开始介绍对数据库的操作，其中数据库查询是数据操作中的核心操作，SQL 提供了 SELECT 语句对数据库进行查询操作。其标准语法是：

SELECT [ALL | DISTINCT] <目标列表达式>[,<目标列表达式>]…
FROM <表名或视图名>[,<表名或视图名>]…
[WHERE <条件表达式>]
[GROUP BY <列名1>[HAVING <条件表达式>]]
[ORDER BY <列名2>[ASC | DESC]];

该语句的基本语义为，根据 WHERE 子句中的条件表达式，从 FROM 子句指定的基本表或视图中找出满足条件的元组，并按 SELECT 子句中指出的目标属性列，选出元组中的分量形成结果表。

实际上，语句中的 SELECT 子句的功能类似于关系代数中的投影运算，而 WHERE 子句的功能类似于关系代数中的选择运算。进行数据库查询时，并非上述语句中的每个子句都会用到，最简单的情况下，查询只需要一个 SELECT 和一个 FROM 子句。如果有 GROUP BY 子句选项，则将结果按<列名1>的值进行分组，该属性列值相等的元组为一个组，通常会在每组中使用聚集函数。如果 GROUP BY 子句带有 HAVING 短语，则结果只有满足指定条件的组。ORDER BY 子句是将查询的结果进行排序显示，ASC 表示升序，DESC 表示降序，默认为升序排列。可选项[ALL | DISTINCT]的含义是，如果没有指定 DISTINCT 短语，则缺

省为 ALL,即保留结果中取值重复的行,相反,如果指定了 DISTINCT 短语,则可消除重复的行。

列表达式可以是"列名 1,列名 2…"的形式。如果 FROM 子句指定了多个表,则列名应是"表名.列名"的形式。

在本节内容中,需要引入图书管理系统中的 3 个表作为讲解的例子,这 3 个表分别为:
①M_STUDENT(借书证号,姓名,专业,性别,出生时间,借书数,照片,办证日期)
②M_BOOK(ISBN,书名,作者,出版社,价格,复本书,库存量)
③M_BORROW(借书证号,ISBN,借书时间,应还时间)

各种表中的数据分别如表 1.24、表 1.25 和表 1.26 所示。

表 1.24　　　　　　　　　　　　　　M_STUDENT 表

借书证号	姓名	专业名	性别	借书数	出生年份	办证日期
2009020301	李川川	地籍测量	男	2	1989-10	2009-10
2009021227	李春雷	工程测量	男	1	1989-11	2009-10
2009021015	罗萌	摄影测量	女	3	1990-02	2009-11
2009020236	吴鹏飞	地理信息	男	3	1990-01	2009-10
2009020145	张丽萍	工程测量	女	0	1989-05	2009-12
2009020523	邵明杰	工程测量	男	1	1988-07	2009-10
2009020312	宋晨霖	摄影测量	女	1	1990-03	2009-11
2009021108	薛晓娟	地理信息	女	0	1991-04	2009-11
…	…	…	…	…	…	…

表 1.25　　　　　　　　　　　　　　M_BOOK 表

ISBN	书名	作者	出版社	价格	复本	库存
9787503018039	地籍调查与地籍测量学	章书寿	测绘出版社	26.0	6	4
9787508321288	送电线路测量	唐云岩	中国电力出版社	15.0	7	1
7307042428	GPS 测量操作与数据处理	魏二虎	武汉大学出版社	24.0	10	2
7111175794	测量程序与新型全站仪的应用	覃辉	机械工业出版社	58.0	5	0
9787503017481	ArcObjects 二次开发教程	傅仲良	测绘出版社	65.0	8	7
9787503017193	城市测绘数据库时空数据模型	张保钢	测绘出版社	20.0	20	18
9787503016653	全球离散格网的空间数字建模	赵学胜	测绘出版社	30.0	20	20
307046814	高光谱遥感	张良培	武汉大学出版社	18.0	12	9
9787802093461	ENVI 遥感影像处理教程	李小娟	环境科学出版社	68.0	18	14
7114046685	公路航空摄影测量遥感	符锌砂	人民交通出版社	22.0	9	6
…	…	…	…	…	…	…

表 1.26　　　　　　　　　　　　　　M_BORROW 表

借书证号	ISBN	借书时间	应还时间
2009020301	9787503018039	2009-10-09	2010-01-09
2009020301	9787508321288	2009-10-09	2010-01-09
2009021015	307046814	2009-09-10	2009-12-10
2009021015	9787802093461	2009-09-10	2009-12-10
2009021015	7114046685	2009-09-10	2009-12-10
2009020236	9787503017193	2009-08-27	2009-11-27
2009020236	9787503016653	2009-08-27	2009-11-27
2009020236	9787503017481	2009-08-27	2009-11-27
2009020523	7307042428	2009-09-28	2009-12-28
2009021227	7111175794	2009-09-15	2009-09-15
…	…	…	…

下面将查询分为简单查询、连接查询、嵌套查询以及集合查询等几类对该图书管理系统进行举例说明，通过这些例子可以看出查询语句的丰富功能和灵活的使用方式。

1. 单表查询

单表查询是指仅设计一个表的查询，一般只用到 SELECT 子句、FROM 子句和 WHERE 子句。它们分别说明所查询列、查询的表或视图以及搜索条件等，这种查询通常也称为简单查询。

单表查询是最简单的 SQL 查询，指只涉及一个表的查询，可分为以下 5 种操作：下面就这 5 种操作逐一进行详细的分析：

（1）选择表中的若干列

选择表中的若干列对应于关系代数中的投影运算，在 SQL 中利用 SELECT 子句来指定要投影的属性列。SELECT 子句既可以指定表中所有的属性列，也可以指定个别读者感兴趣的属性列，还可以通过对列值进行算术运算得到表中不存在的信息。

①选择一个表中的指定列。使用 SELECT 子句选择其中一个表的某些列，各列名之间用逗号分隔。

例：在 M_STUDENT 表中查询出所有借阅者的姓名、专业名和借书数。

SELECT　姓名，专业名，借书数
FROM　　M_STUDENT；

②查询全部列。使用 SELECT 子句查询一个表中的所有属性列且与表结构中的顺序相同时，可以使用通配符"＊"代替所有的列。

例：在 M_BORROW 表中找出所有的借阅信息。

SELECT　借书证号，ISBN，借书时间，应还时间
FROM　　BORROW；

在该查询中，因为查询的是所有的属性列，且其顺序与表结构中的顺序相同，因此也可以表示为：

SELECT　*
FROM　BORROW;

上面的两个例子中的两个查询语句是等价的，查询结果相同。因此，如果要查询某个表的所有属性列，其查询语句有两种写法，一种是在 SELECT 子句中列出所有的属性列，一种是在 SELECT 子句中直接使用"*"代替所有的属性列。但是使用第二种用法的前提是，用户所需要的属性列的顺序与数据库中的存储顺序相同。

③查询经过计算的值。使用 SELECT 进行查询时，不仅可以直接以列的原始值作为结果，而且还可以将对列值进行计算后所得的值作为查询结果，即在 SELECT 子句中可以使用表达式作为属性列。

例：查询学生的姓名和年龄（目前的年份为 2012 年）。

由于表 1.24 M_STUDENT 中没有年龄属性，所以不能直接列出年龄，但是 SELECT 子句中可以出现算术表达式，从而可以查询经过计算的值。

SELECT　姓名, 2012-Year(出生时间)
FROM　M_STUDENT;

其查询结果为：

姓名	Expr
李川川	23
李春雷	23
罗萌	22
吴鹏飞	22
张丽萍	23
邵明杰	24
宋晨霖	22
薛晓娟	21
…	…

该例中，通过运算得到的属性列系统都会自动地给它赋一个列名（Expr），用户看了之后不易理解，可以添加列的别名，以替换在结果中列出的默认列标题。则上述查询可以表示为：

SELECT　姓名, 2012-Year(出生时间)　AS　'年龄'
FROM　M_STUDENT;

其查询结果为：

姓名	年龄
李川川	23
李春雷	23
罗萌	22
吴鹏飞	22
张丽萍	23
邵明杰	24
宋晨霖	22
薛晓娟	21
…	…

SELECT 子句中除了使用算术表达式外，还可以使用字符串常量、函数以及列别名，从而大大加强 SQL 查询的功能。

查询所有读者的姓名、还可借书籍的数量，要求两个字段之间用字符串"还可借书数："进行连接，并为所计算的列指定列名"可借书数"（设每人最多可借书 5 本）。

SELECT　姓名，'还可借书数：'，5—借书数 AS '可借书数'
FROM　M_STUDENT；

其查询结果为：

姓名	可借书数	借书数
李川川	还可借书数：3	2
李春雷	还可借书数：4	1
罗萌	还可借书数：2	3
吴鹏飞	还可借书数：2	3
张丽萍	还可借书数：5	0
邵明杰	还可借书数：4	1
宋晨霖	还可借书数：5	0
薛晓娟	还可借书数：5	0
…	…	…

SELECT 语句使用 ALL 或 DISTINCT 选项来显示表中符合条件的所有行或删除其中重复的数据行，默认为 ALL。使用 DISTINCT 选项时，对于所有重复的数据行在 SELECT 返回的结果集合中只保留一行。

（2）选择表中的若干元组

选择表中的若干元组对应于关系代数中的选择运算，使用 FROM 子句指定 SELECT 语句查询及查询相关的表或视图。

①消除结果集中的重复行。在关系数据库中，不允许出现完全相同的两个元组，但是当我们只选择表中的某些列时，就可能会出现重复的行。

例：从 M_BORROW 表中找出所有借了书的读者的借书证号。

SELECT　借书证号

FROM　M_BORROW；

本例中，可能某个读者借了 5 本书，则上述查询中就出现了"重号"，即一个借书证号出现了 5 次，在 SELECT 子句中用 DISTINCT 关键字可以消除结果集中的重复行，下述语句就去掉了查询结果中重复的元组。

SELECT　DISTINCT 借书证号

FROM　M_BORROW；

②查询满足条件的元组。在 SQL 中，查询满足条件的元组，利用 WHERE 子句实现。WHERE 子句常用的查询条件如表 1.27 所示。

表 1.27　　　　　　　　　　　　常用的查询条件

查询条件	运算符	说明
比较	=，>，<，>=，<=，! =，! >，! <	字符串比较从左向右进行
确定范围	Not Between? And?	Between 后是下限，And 后是上限
确定集合	In，Not In	检查一个属性值是否属于集合中的值
字符匹配	Like，Not Like	用于构造条件表达式中的字符匹配
空值	Is Null，Is Not Null	当属性值内容为空时，要运用此运算符
多重条件	And，Or	用于构造复合表达式

下面分别针对以上列出的查询条件，给出查询的实例：

Ⅰ．比较运算

在表 1.27 中列出了一般的比较运算符，那么比较常用的运算符有：=（等于）、<>或！=（不等于）、>（大于）、<（小于）、>=（大于等于）、<=（小于等于）。

例：查询 M_STUDENT 表中借书数在 2 本以上的学生情况。

SELECT　*

FROM M_STUDENT

WHERE 借书数 >=2；

Ⅱ．指定范围

用于确定范围的关键字有 BETWEEN…AND…和 NOT BETWEEN…AND…，用来查找属性值在（或不在）指定范围内的元组，其中 BETWEEN 后是范围的下限（即低值），AND 后是范围的上限（即高值）。

例：查询 M_BOOK 表中价格介于 20 元到 40 元之间(包括 20 和 40)的书籍的 ISBN、书名、作者和出版社信息。

SELECT ISBN,书名,作者,出版社
FROM M_BOOK
WHERE 价格 BETWEEN 20 AND 40;

相反的，如果要查询价格不在 20 元到 40 元之间的书籍信息，则可用 NOT BETWEEN…AND…来表达：

SELECT ISBN,书名,作者,出版社
FROM M_BOOK
WHERE 价格 NOT BETWEEN 20 AND 40;

Ⅲ. 确定集合

谓词 IN 可以用来查找属性值属于指定值表集合的元组，值表中列出所有可能的值，当 IN 前面的表达式与值表中的任何一个值匹配时，则返回 True，否则返回 False。

例：查询 STUDENT 表中专业名为"地籍测量"、"摄影测量"的学生信息。

SELECT *
FROM M_STUDENT
WHERE 专业名 IN('地籍测量','摄影测量');

相反的，与 IN 相对的谓词是 NOT IN，用于查找属性值不属于指定集合的元组。如查询除"工程测量"之外的所有专业的学生信息：

SELECT *
FROM M_STUDENT
WHERE 专业名 NOT IN('工程测量');

Ⅳ. 字符匹配

谓词 LIKE 可以用来进行字符串的匹配，常用语模糊查找，它判断列值是否与指定的字符串格式相匹配。可用于 char, varchar, text, ntext, datetime 和 smalldatetime 等类型查询。

LIKE 匹配中使用通配符的查询又称模糊查询。

其一般语法格式如下：

[NOT] LIKE '<匹配符>' [ESCAPE '<换码字符>']

其含义是查找指定的属性列值与<匹配符>相匹配的元组。<匹配符>可以是一个完整的字符串，也可以含有通配符% 和_。

百分号% 可匹配单个任意字符，它常用来限制表达式的字符长度。

方括号[ ]指定一个字符、字符串或范围，要求所匹配对象为它们中的任一个。

[^]的取值和[ ]相同，但它要求所匹配对象为指定字符以外的任一个字符。

例如：

限制以"出版社"结尾，使用 LIKE '%%出版社'

限制以 A 开头，使用 LIKE '[A]%'

限制以非 A 开头，使用 LIKE '[^A]%'

例：查询姓"张"作者所编著图书的书名、价格和出版社。

SELECT 作者，价格，出版社

FROM M_BOOK

WHERE 作者 LIKE '张%'；

例：查询姓"唐"且全名为3个汉字的作者编著的图书名、价格和出版社。

SELECT 作者，价格，出版社

FROM M_BOOK

WHERE 作者 LIKE '唐_ _ _ _'；

这里需要注意的是，由于一个汉字占两个字符的位置，所以匹配串"唐"后需要跟4个_。

V. 空值

在基本表中，如果哪一列中没有输入数据，则它的值就为空，空值用一个特殊的数据 NULL 来表示。如果要判断某一列是否为空，不能用"=NULL"或"<>NULL"来比较，只能用 IS NULL 或 IS NOT NULL 来运算。

例：查询 M_STUDENT 表中专业名尚不确定的学生的详细信息。

SELECT *

FROMM_STUDENT

WHERE 专业名 IS NULL；

例：查询所有借书证号不为空的学生信息。

SELECT 借书证号

FROM M_STUDENT

WHERE 借书证号 IS NOT NULL；

需要强调的是，这里的 IS 不能用等号(=)代替。

VI. 多重条件查询

逻辑运算符 AND 和 OR 可用来联结多个查询条件。如果这两个运算符同时出现在同一个 WHERE 条件子句中，则 AND 的优先级高于 OR，但用户可以用括号改变优先级。

例：查询 BOOK 表中价格在30元以下武汉大学出版社的图书和测绘出版社的图书的 ISBN、书名、出版社和价格信息。

SELECT ISBN，书名，出版社，价格

FROM M_BOOK

WHERE 出版社='武汉大学出版社' AND 价格<30 OR 出版社='测绘出版社'；

例：查询不是中国电力出版社也不是环境科学出版社出版的图书的书名和出版社。

SELECT 书名，出版社

FROM M_BOOK

WHERE 出版社 NOT IN('中国电力出版社'，'环境科学出版社')；

在上面的列子中，IN 谓词实际上是多个 OR 运算符的缩写，因此上面的查询语句也可以用 OR 运算符写成如下等价形式：

SELECT 书名，出版社

FROM　M_BOOK

WHERE 出版社='中国电力出版社' OR 出版社='环境科学出版社';

(3)使用聚集函数

为了进一步方便用户,增强检索功能,SQL 提供了许多聚集函数,主要包括:

COUNT([DISTINCT｜ALL]*)统计元组个数

COUNT([DISTINCT｜ALL]<列名>)统计一列中值的个数

SUM([DISTINCT｜ALL]<列名>)计算一列值的总和(此列必须是数值型)

AVG([DISTINCT｜ALL]<列名>)计算一列值的平均值(此列必须是数值型)

MAX([DISTINCT｜ALL]<列名>)求一列值中的最大值

MIN([DISTINCT｜ALL]<列名>)求一列值中的最小值

例:查询图书的种类。

SELECT COUNT(*)

FROM M_BOOK;

例:计算"测绘出版社"出版的图书的平均价格。

SELECT AVG(价格)

FROM M_BOOK

WHERE 出版社='测绘出版社';

例:查询"武汉大学出版社"出版的单价最低的图书的价格。

SELECT MIN(价格)

FROM M_BOOK

WHERE 出版社='武汉大学出版社';

例:查询借阅者总人数。

SELECT COUNT(*) AS '总人数'

FROM M_STUDENT;

在该查询中,除了计算出 M_STUDENT 表中的总人数,还使用 AS 关键字为查询结果指定了新列名"总人数"。

(4)对查询结果分组

有时候我们需要的并不是某一列值的某种聚合,而是将这一列值根据其他某列或者某几列划分成组后每一组值的某种聚合。这时我们要在 WHERE 子句后面加上一个 GROUP BY 子句,关键字 GROUP BY 的后面给出分组属性列表。

需要说明的是,使用 GROUP BY 子句后,SELECT 子句中的列表只能是 GROUP BY 子句中指定的列或在聚集函数中指定的列,否则系统会报错处理。

例:查询 STUDENT 表中各个专业的学生数。

SELECT　专业名,COUNT(借书证号)AS '学生数'

FROM　　M_STUDENT

GROUP BY 专业名;

该语句对 M_STUDENT 表按专业名的取值进行分组,所有具有相同专业名的元组为一组,然后对每一组用聚集函数 COUNT 求得该组的学生人数,本查询中 COUNT(借书证号)也可以换成 COUNT(*)。

例：查询 BOOK 表中各个出版社各有多少本图书。
SELECT 出版社，COUNT(*)AS '图书数'
FROM M_BOOK
GROUP BY 出版社；

如果分组后还需要按一定的条件对这些组进行筛选，最终只输出满足指定条件的组，则可以使用 HAVING 短语来指定筛选条件。

例：查询出版的图书种类超过 10 种的出版社。
SELECT 出版社，COUNT(ISBN)
FROM M_BOOK
GROUP BY 出版社
HAVING COUNT(ISBN)>10；

查询出版的图书种类超过 10 种的出版社，按出版社的取值进行分组，所有具有相同出版社的值的元组为一组，然后对每一组作用聚集函数 COUNT 以求得该出版社出版的图书种类。再用 COUNT 函数对每一组计数。如果某一组的元组数目大于 10，则表示该出版社出版的图书超过 10 种，将出版社显示出来。HAVING 短语制定选择组的条件，只有满足条件(即元组个数>10)的组才会被选出来。

WHERE 子句与 HAVING 短语的根本区别在于作用对象不同。WHERE 子句作用于基本表或视图，从中选择满足条件的元组；HAVING 短语作用于组，从中选择满足条件的组。

(5)对查询结果排序

如果没有指定查询结果的显示顺序，DBMS 将按其最方便的顺序(通常是元组在表中的先后顺序)输出查询结果。但在实际应用中，用户经常要对查询的结果排序输出，ORDER BY 子句可用于对查询结果按照一个或多个属性列进行升序(ASC)或降序(DESC)排列，默认值为升序排列。

例：查询 M_BOOK 表中机械工业出版社的图书，并按照价格进行由高向低排列。
SELECT *
FROM M_BOOK
WHERE 出版社 = '机械工业出版社'
ORDER BY 价格 DESC；

例：查询 M_STUDENT 表中所有学生的信息，查询结果按专业名升序排列，同一个专业的学生按照年龄升序排列(即按照出生年份降序排列)。
SELECT *
FROM M_STUDENT
ORDER BY 专业名，出生年份 DESC；

需要说明的是，使用 ORDER BY 子句对查询结果进行排序，当排序列含空值时，如果按升序排列，排序列为空值的元组最后显示；如果按照降序排列，则排序列为空值的元组最先显示。

2. 连接查询

前面的查询都是针对单个表进行的。一个数据库中的多个表之间一般都存在某种内在联系，它们共同提供有用的信息。通过连接运算符可以实现多个表查询，连接是关系数据库模型的主要特点，也是区别于其他类型数据库管理系统的一个主要标志。

在关系数据库中，建立表时各个数据之间的关系不必确定，常把一个实体的所有信息存放在一个表中。当检索数据时，通过连接操作查询出存放在多个表中的不同实体的信息。连接操作给用户带来很大的灵活性，他们可以在任何时候增加新的数据类型，可以为不同实体创建新的表，然后通过连接进行查询。

一个查询同时涉及两个以上的表，则称之为连接查询。连接查询主要包括等值连接、非等值连接、自身连接查询、外连接查询、复合条件连接查询和集合运算查询。

（1）等值与非等值连接查询

WHERE 子句中用来连接两个表的条件称为连接条件或连接谓词，其一般格式如下：

[<表名1>.]<列名1> <比较运算符> [<表名2>.]<列名2>

其中比较运算符主要有 =、>、<、>=、<=、<>（或！=）等，当比较运算符为"="时，称为等值连接，若在 SELECT 子句的目标列中去除相同的字段名，则为自然连接。使用其他的比较运算符称为非等值连接。

此外，连接谓词还可以使用下面形式：

[<表名1>.]<列名1> BETWEEN [<表名2>.]<列名2> AND [<表名2>.]<列名3>

需要说明的是，连接谓词中的列名称为连接字段。连接条件中的各连接字段类型必须是可比的，但名字不必相同。例如，可以都是字符型或都是日期型；也可以一个是整型，另一个是实型，整型和实型都是数值型，因此是可比的。但若一个是字符型，另一个是整数型就不允许了，因为它们是不可比的类型。

例：查询每个读者的基本信息及借书情况。

在图书借阅管理系统中，借阅者的基本信息存放在 M_STUDENT 表中，借阅者的借书情况存放在 M_BORROW 表中，因此该查询实际上同时涉及了 M_STUDENT 和 M_BORROW 两个表中的数据。而这两个表之间的联系是通过两个表的共有属性"借书证号"实现的。完成本查询的 SQL 语句为：

SELECT M_STUDENT.＊，M_BORROW.＊

FROM　M_STUDENT，M_BORROW

WHERE M_STUDENT.借书证号 =　M_BORROW.借书证号；

查询结果如下：

M_STUDENT 借书证号	姓名	…	办证日期	M_BORROW 借书证号	ISBN	借书时间	应还时间
2009020301	李川川	…	2009-10	2009020301	9787503018039	2009-10-09	2010-01-09
2009020301	李川川	…	2009-10	2009020301	9787508321288	2009-10-09	2010-01-09
2009021015	罗萌	…	2009-11	2009021015	307046814	2009-09-10	2009-12-10

续表

M_STUDENT 借书证号	姓名	…	办证日期	M_BORROW 借书证号	ISBN	借书时间	应还时间
2009021015	罗萌	…	2009-11	2009021015	9787802093461	2009-09-10	2009-12-10
2009021015	罗萌	…	2009-11	2009021015	7114046685	2009-09-10	2009-12-10
2009020236	吴鹏飞	…	2009-10	2009020236	9787503017193	2009-08-27	2009-11-27
2009020236	吴鹏飞	…	2009-10	2009020236	9787503016653	2009-08-27	2009-11-27
2009020236	吴鹏飞	…	2009-10	2009020236	9787503017481	2009-08-27	2009-11-27
2009020523	邵明杰	…	2009-10	2009020523	7307042428	2009-09-28	2009-12-28
2009021227	李春雷	…	2009-10	2009021227	7111175794	2009-09-15	2009-09-15
…	…	…	…	…	…	…	…

该查询是等值连接查询，相同的属性列出现了两次。其执行过程是：首先在 M_STUDENT 表中找到第一个元组，然后从头开始顺序扫描或按索引扫描表 M_BORROW，查找 M_BORROW 表中借书证号与 M_STUDENT 表中第一个元组的借书证号相等的元组，每找到一个元组，就将 M_STUDENT 表中的第一个元组与该元组拼接起来，形成结果表中一个元组。M_BORROW 表全部扫描完毕后，再到表 M_STUDENT 中找第二个元组，然后再从头开始顺序扫描或按索引扫描 M_BORROW 表，查找满足连接条件的元组，每找到一个元组，就将 M_STUDENT 表中的第二个元组与该元组拼接起来，形成结果表中一个元组。重复上述操作，直到 M_STUDENT 表全部元组都处理完毕为止。

需要说明的是，如果一个属性列属于两个或多个表，那么在使用时一定要在列名前加前缀"表名"，否则系统无法判断。比如在本例中，两个表中都有属性列"借书证号"，那么当查询语句中出现"借书证号"字段时，一定要注明"表名"前缀。

连接运算中有两种特殊情况，一种称为笛卡儿积连接，另一种称为自然连接。

笛卡儿积连接：是不带连接谓词的连接。两个表的笛卡儿积即是两表中元组的交叉乘积，也是其中一表中的每一元组都要与另一表中的每一元组作拼接，因此结果表往往很大，并且查询结果会出现许多无意义的行，所以这种运算对于数据库管理员等计算机工作者很少使用。

自然连接：如果是按照两个表中的相同属性进行等值连接，且目标列中去掉了重复的属性列，但保留了所有不重复的属性列，则称之为自然连接。

例：对上述例子用自然连接完成。

SELECT M_STUDENT.借书证号,姓名,专业名,性别,借书数,出生年份,办证日期,ISBN,借书时间,应还时间

　　FROM　M_STUDENT,M_BORROW

　　WHERE M_STUDENT.借书证号=M_BORROW.借书证号;

查询结果如下：

M_STUDENT 借书证号	姓名	…	办证日期	ISBN	借书时间	应还时间
2009020301	李川川	…	2009-10	9787503018039	2009-10-09	2010-01-09
2009020301	李川川	…	2009-10	9787508321288	2009-10-09	2010-01-09
2009021015	罗萌	…	2009-11	307046814	2009-09-10	2009-12-10
2009021015	罗萌	…	2009-11	9787802093461	2009-09-10	2009-12-10
2009021015	罗萌	…	2009-11	7114046685	2009-09-10	2009-12-10
2009020236	吴鹏飞	…	2009-10	9787503017193	2009-08-27	2009-11-27
2009020236	吴鹏飞	…	2009-10	9787503016653	2009-08-27	2009-11-27
2009020236	吴鹏飞	…	2009-10	9787503017481	2009-08-27	2009-11-27
2009020523	邵明杰	…	2009-10	7307042428	2009-09-28	2009-12-28
2009021227	李春雷	…	2009-10	7111175794	2009-09-15	2009-09-15
…	…	…	…	…	…	…

在本查询中，由于姓名、专业名、性别、ISBN等属性列在两表中是唯一的，因此引用时可以去掉表名前缀，而借书证号在两个表都出现了，因此引用时必须加上表名前缀。该查询的执行结果不再出现借阅表的借书证号属性列 M_BORROW.借书证号。

（2）自身连接查询

连接操作不仅可以在不同的表上进行，而且在同一个表内可以进行自身连接，即将同一个表的不同行连接起来，所以自身连接又称为自连接。自身连接可以看做一个表的两个副本之间的连接。在自身连接中，必须为表指定两个别名，且对所有的引用均要用到别名限定，使之在逻辑上成为两张表。

例：在 M_BOOK 表中查询同一作者及其所著的图书数名。

SELECT a1.作者，a1.书名
FROM M_BOOK a1 JOIN M_BOOK a2 on a1.作者＝a2.作者
WHERE a1.ISBN<>a2.ISBN；

查询结果如下：

作者	书名
覃辉	测量程序与新型全站仪的应用
覃辉	CASIOfx-5800P 矩阵编程计算器原理与实用测量程序
覃辉	CASIO fx-9750 GII 图形编程计算器公路与铁路测量程序
…	…

(3)外连接查询

在通常的连接操作中,只有满足查询条件(WHERE 搜索条件或 HAVING 条件)和连接条件的元组才能作为结果输出,这样的连接称作内连接。如在等值连接和非等值连接查询的例子中结果表中没有关于 2009020145 张丽萍、2009020312 宋晨霖和 2009021108 薛晓娟这三位借阅者的信息,原因在于她们没有借阅图书,在借阅表 M_BORROW 中没有相应的元组,从而造成这位借阅者的信息被舍弃了。但是,有时可能需要以学生表 M_STUDENT 为主体列出每个学生的基本情况及其借阅图书情况,若某个学生没有借阅图书,则只输出其基本信息,其借阅信息为空值即可,也就是说,如果在实际应用中,也想同时输出那些不满足连接条件的元组,这时就需要使用外连接(Outer Join)。

外连接分为左外连接和右外连接。左外连接列出连接语句左边关系中所有的元组,使用运算符"＊=",如果连接语句右边关系中没有与之相匹配的元组,则在相应的属性上填空值(NULL),而右外连接是列出右边关系中所有的元组,使用运算符"=＊",连接语句左边关系中没有与之相匹配的元组,则在相应的属性上填空值(NULL)。

例:查询所有学生的信息及其借阅图书的 ISBN 和应还时间,如果没有借阅图书则直接列出其基本信息。

SELECT M_STUDENT.借书证号,姓名,专业名,借书数,办证日期,ISBN,应还时间

FROM　M_STUDENT LEFT OUT JOIN M_BORROW ON(M_STUDENT.借书证号 = M_BORROW.借书证号);

查询结果如下:

M_STUDENT 借书证号	姓名	专业名	借书数	办证日期	ISBN	应还时间
2009020301	李川川	地籍测量	2	2009-10	9787503018039	2010-01-09
2009020301	李川川	地籍测量	2	2009-10	9787508321288	2010-01-09
2009021015	罗萌	摄影测量	3	2009-11	307046814	2009-12-10
2009021015	罗萌	摄影测量	3	2009-11	9787802093461	2009-12-10
2009021015	罗萌	摄影测量	3	2009-11	7114046685	2009-12-10
2009020236	吴鹏飞	地理信息	3	2009-10	9787503017193	2009-11-27
2009020236	吴鹏飞	地理信息	3	2009-10	9787503016653	2009-11-27
2009020236	吴鹏飞	地理信息	3	2009-10	9787503017481	2009-11-27
2009020523	邵明杰	工程测量	1	2009-10	7307042428	2009-12-28
2009021227	李春雷	工程测量	1	2009-10	7111175794	2009-09-15
2009020145	张丽萍	工程测量	0	2009-12	NULL	NULL
2009020312	宋晨霖	摄影测量	0	2009-11	NULL	NULL
2009021108	薛晓娟	地理信息	0	2009-11	NULL	NULL
…	…	…	…	…	…	…

在该例中，属于左外连接，列出了连接语句左边关系 M_STUDENT 中的所有元组，若该学生没有借阅图书，则 M_BORROW 表中相应字段赋值为 NULL；同样可以用 RIGHT OUT JOIN 表示右外连接。

（4）复合条件查询

上面各个连接查询中，WHERE 子句中只有一个条件，即一个连接谓词。WHERE 子句中有多个条件的连接操作，称为复合条件连接。

例：查询借阅了书名中含有"数据库"的图书的学生的借书证号、姓名、专业名、所借图书的 ISBN、书名和应还时间。

SELECT M_STUDENT.借书证号，姓名，专业名，BORROW.ISBN，书名，应还时间

FROM　M_STUDENT，M_BORROW，M_BOOK

WHERE M_STUDENT.借书证号＝M_BORROW.借书证号 AND M_BOOK.ISBN＝M_BORROW.ISBN　AND　书名 LIKE '％数据库％'；

例：查询工程测量专业学生借阅图书的信息，包括学生的姓名、借书数、所借书的书名、应还时间。

SELECT　姓名，借书数，书名，应还时间

FROM　M_STUDENT，M_BORROW，M_BOOK

WHERE M_STUDENT.借书证号＝M_BORROW.借书证号 AND M_BOOK.ISBN＝M_BORROW.ISBN AND 专业名＝'计算机'；

（5）集合运算查询

在连接查询中，还有一种比较特殊的查询，即集合查询。众所周知，简单查询的结果是元组的集合，那么多个简单查询的结果就可以进行集合的操作，在关系代数中，对于集合的基本操作主要包括并、交、差等运算，在 SQL 语言中，也提供了相应的运算符，分别为 UNION(∪)、INTERSECT(∩)、EXCEPT(—)。

需要强调的是，参加集合操作的各查询结果的列数必须相同，对应项的数据类型也必须相同。另外，不同的 DBMS 所支持的集合操作不尽相同，如在 Access、SQL Server2000 数据库中仅支持并运算，目前的 SQL Server 2005 就可以支持这三种集合运算。

例：查询同时借阅了 ISBN 为 9787503017193 和 9787503017481 的图书的读者的借书证号。

（SELECT　借书证号

FROM　M_BORROW

WHERE　ISBN＝'9787503017193'）

INTERSECT

（SELECT　借书证号

FROM　M_BORROW

WHERE　ISBN＝'9787503017481'）；

3. 嵌套查询

在 SQL 语言中，一个 SELECT-FROM-WHERE 语句称为一个查询块，在 WHERE 子句或 HAVING 短语所表示的条件中，可以使用一个查询块作为条件的一部分，这种将一个

查询块嵌套在另一个查询块的 WHERE 子句或 HAVING 短语条件中的查询称为嵌套查询，又称为子查询。嵌套查询命令在执行时，每个子查询在上一级查询处理之前求解，即由里向外查，子查询的结果用于建立其父查询的查找条件。子查询是 SQL 语句的扩展，其语句形式如下：

　　SELECT <目标表达式1>[,…]
　　FROM <表或视图名1>
　　WHERE [表达式](SELECT <目标表达式2>[,…]
　　FROM <表或视图名2>)
　　[GROUP BY <分组条件>
　　HAVING[<表达式> 比较运算符](SELECT <目标表达式2>[,…]
　　FROM <表或视图名2>)]
　　例如：
　　SELECT　书名
　　FROM　M_BOOK
　　WHERE　ISBN　IN
　　(SELECT ISBN
　　FROM M_BORROW
　　WHERE 借书时间 = '2009-09-10');

　　说明：在上例中，下层查询块"SELECT ISBN FROM M_BORROW WHERE 借书时间 = '2009-09-10'"是嵌套在上层查询块"SELECT 书名 FROM M_BOOK WHERE ISBN IN"的 WHERE 条件中的。上层的查询块又称为外层查询或父查询或主查询，下层查询块又称为内层查询或子查询。SQL 语言允许多层嵌套查询，即一个子查询中还可以嵌套其他子查询，用来表示复杂的查询。嵌套查询可以用一系列简单查询构成复杂的查询，明显地增强了 SQL 的查询能力。以层层嵌套的方式构造程序是 SQL 中"结构化"的含义所在。

　　需要特别指出的是，子查询的 SELECT 语句中不能使用 ORDER BY 子句，ORDER BY 子句永远只能对最终查询结果排序。

　　嵌套查询一般的求解方法是由里向外处理。即每个子查询在其上一级查询处理之前求解，子查询的结果用于建立其父查询的查找条件。嵌套查询主要包括以下 4 类，下面就这 4 种操作逐一进行详细的分析。

　　（1）带有 IN 谓词的子查询

　　带有 IN 谓词的子查询是指父查询与子查询之间用 IN 进行连接，用于判断某个属性列值是否在子查询的结果中。在嵌套查询中，由于子查询的结果往往是一个集合，所以谓词 IN 是嵌套查询中最常使用的谓词。

　　例：查询与"邵明杰"同一个专业学生的借书证号、姓名、性别和借书数。

　　查询与"邵明杰"同专业学习的学生，可以首先确定"邵明杰"的专业名，然后再查找所有该专业的学生。所以可以先分步完成此查询，然后再构造嵌套查询。

　　首先确定"邵明杰"所在系专业名。
　　SELECT　专业名

FROM　M_STUDENT

WHERE 姓名='邵明杰';

查询结果为：工程测量

其次，查找所有工程测量专业的学生基本信息。

SELECT　借书证号，姓名，性别，借书数

FROM　M_STUDENT

WHERE 专业名 IN('工程测量');

将第一步嵌入到第二步的条件中，构造嵌套查询的形式，表示为：

SELECT　借书证号，姓名，性别，借书数

FROM　M_STUDENT

WHERE 专业名 IN

(SELECT　专业名

FROM　M_STUDENT

WHERE 姓名='邵明杰');

该查询还可以用自连接查询来实现：

SELECT S1. 借书证号，S1. 姓名，S1. 性别，S1. 借书数

FROM　M_STUDENT S1，M_STUDENT S2

WHERE　S1. 专业名=S2. 专业名 AND S2. 姓名='邵明杰';

IN 谓词用于判断某个属性列值是否在子查询的结果中，同样道理，NOT IN 则可以用来判断某个属性列是否不在子查询的结果中。

(2)带有比较运算符的子查询

带有比较运算符的子查询是指父查询与子查询之间用比较运算符进行连接，使用带有比较运算符的子查询时，子查询一定要跟在比较运算符之后，当用户能确切知道内层查询返回的是单值时，可以用=，>，<，>=，<=，<>或！=等比较运算符。

例：查询"武汉大学出版社"出版的并且单价小于所有图书平均价格的图书。

由于所有图书的平均价格的结果是唯一的，因此该查询也可以用比较运算符来实现，其 SQL 语句如下：

SELECT　书名

FROM M_BOOK

WHERE 出版社='武汉大学出版社' AND 价格<(SELECT AVG(价格)

FROM M_BOOK);

需要强调的是，子查询一定要跟在比较运算符之后，下列的写法是错误的。

SELECT　书名

FROM M_BOOK

WHERE 出版社='武汉大学出版社' AND(SELECT AVG(价格)

FROM M_BOOK)>价格;

(3)带有 ANY 或 ALL 谓词的子查询

子查询返回单值时可以用比较运算符，而使用 ANY 或 ALL 谓词时则必须同时使用比

较运算符。其语义如表 1.28 所示。

表 1.28　　　　　　　　　　　比较运算符

运算符	ANY	ALL
>	大于子查询结果中的某个值	大于子查询结果中的所有值
<	小于子查询结果中的某个值	小于子查询结果中的所有值
>=	大于等于子查询结果中的某个值	大于等于子查询结果中的所有值
<=	小于等于子查询结果中的某个值	小于等于子查询结果中的所有值
=	等于子查询结果中的某个值	通常没有实际意义
!=或<>	不等于子查询结果中的某个值	不等于子查询结果中的任何一个值

例：查询其他出版社中比"测绘出版社"任一图书单价都低的图书的书名和价格。

查询比"测绘出版社"任一图书单价都低的图书，实际上就是找出低于"测绘出版社"出版的图书中最高单价的图书。

SELECT　书名，价格

FROM M_BOOK

WHERE 出版社 <> '测绘出版社' AND 价格<ANY(SELECT 价格

FROM M_BOOK

WHERE 出版社 = '测绘出版社')；

以上查询实际上也可以用集函数实现。先利用求最大值 MAX 函数找出"测绘出版社"出版的图书中最高单价，然后在父查询中查找出所有单价比前面的最高单价都低并且不是"测绘出版社"出版的图书，显示其书名、单价。

SELECT　书名，价格

FROM M_BOOK

WHERE 出版社 <>'测绘出版社' AND 价格<(SELECT　MAX(价格)

FROM M_BOOK

WHERE 出版社 = '测绘出版社')；

例：查询其他出版社中比"测绘出版社"所有图书单价都低的图书的书名和价格。

查询比"测绘出版社"所有图书单价都低的图书，实际上就是找出低于"测绘出版社"出版的图书中最低价格的图书。

SELECT　书名，价格

FROM M_BOOK

WHERE 出版社 <>'测绘出版社' AND 价格<ALL(SELECT 价格

FROM M_BOOK

WHERE 出版社 = '测绘出版社')；

以上查询同样可以利用集函数实现。先利用求最小 MIN 函数找出"测绘出版社"出版的图书中最低价格，然后在父查询中查找出所有价格比前面的最低价格都低并且不是"测绘出版社"出版的图书，显示其书名和价格。

　　SELECT　书名，价格
　　FROM M_BOOK
　　WHERE 出版社 <> '测绘出版社' AND 价格<ALL(SELECT MIN(价格)
　　FROM M_BOOK
　　WHERE 出版社 = '测绘出版社')；

　　事实上，用集函数实现子查询通常比直接用 ANY 或 ALL 查询效率要高。ANY 与 ALL 与集函数的对应关系如表 1.29 所示。

表 1.29　　　　ANY，ALL 谓词与集函数及 IN 谓词的等价转换关系

	=	! = 或 <>	<	<=	>	>=
ANY	IN	无意义	<MAX	<=MAX	>MIN	>=MIN
ALL	无意义	NOT IN	<MIN	<=MIN	>MAX	>=MAX

　　(4) 带有 EXISTS 谓词的子查询
　　EXISTS 代表存在量词∃。带有 EXISTS 谓词的子查询不返回任何实际数据，它只产生逻辑真值"True"或逻辑假值"False"。
　　例：查询借阅 ISBN 为 9787503017193 的图书的学生姓名、性别、专业名。
　　思路分析：本查询涉及 M_STUDENT 和 M_BORROW 关系。在 M_STUDENT 中依次取每个元组的"借书证号"值，用此值去检查 M_BORROW 关系，若 M_BORROW 中存在这样的元组，其"借书证号"值等于此"M_STUDENT.借书证号"值，并且其 ISBN = '9787503017193'，则取此 M_STUDENT 的关系姓名、性别、专业名送入结果关系。

　　SELECT　姓名，性别，专业名
　　FROM　M_STUDENT
　　WHERE　EXISTS
　　(SELECT　*
　　FROM　M_BORROW
　　WHERE 借书证号 = M_STUDENT.借书证号 AND ISBN = '9787503017193')；

　　通过以上思路分析以及所给定的查询语句可知，本例中子查询的查询条件需要依赖于父查询，因此该查询属于相关子查询，故其执行过程遵守相关子查询的执行算法，但是读者通过分析可以发现，对于外层查询而言，每次取一个元组的"借书证号"值后，子查询只要执行到了有结果值满足查询条件，则可停止执行子查询，返回逻辑真值给父查询，然后继续取外层查询的第二个元组……
　　此外，读者可以发现，在本例中，子查询没有指定具体的属性列，而是用"＊"代替，这是带有 EXISTS 谓词的子查询的一个特点，因为父查询只关心子查询是否有值返回，而不考虑返回的是什么值。因此子查询给出的列名无实际意义。
　　本例中的查询也可以用连接运算来实现，表示如下：

SELECT 姓名，性别，专业名
FROM M_STUDENT, M_BORROW
WHERE M_STUDENT.借书证=M_BORROW.借书证号 AND ISBN='9787503017193'；

与 EXISTS 谓词相对应的是 NOT EXISTS 谓词，使用 NOT EXISTS 谓词后，若内层查询结果为空，则外层的 WHERE 子句返回 TRUE，相反，若内层查询结果非空，则外层的 WHERE 子句返回 FALSE。

例：查询当前没有被借阅的图书的书名和出版社。

SELECT 书名，出版社
FROM M_BOOK
WHERE NOT EXISTS (SELECT *
      FROM M_BORROW
      WHERE M_BORROW.ISBN=M_BOOK.ISBN)；

4. 集合查询

每一个 SELECT 语句的查询结果都是由一个或多个元组构成的集合，若要把多个 SELECT 语句的结构完全相同的结果合并为一个结果，可用集合操作来完成，这种查询称为集合查询。标准 SQL 集合操作只要并操作 UNION。

使用 UNION 将多个查询结果合并起来，形成一个完整的查询结果时，系统可以去掉重复的元组。需要强调的是，进行 UNION 操作的各结果表的列数必须相同，对应项的数据类型也必须相同。

使用 UNION 运算符时，应保证每个联合查询语句的选择列表中有相同数量的表达式，并且每个查询选择表达式应具有相同的数据类型，或是可以自动将它们转换为相同的数据类型。在自动转换时，对于数值类型，系统将低精度的数据类型转换为高精度的数据类型。

例：查询地理信息专业的学生及年龄不大于 20 岁的学生。

SELECT *
FROM M_STUDENT
WHERE 专业='地理信息'
UNION
SELECT *
FROM M_STUDENT
WHERE 年龄<20；

本例中的查询是求地理信息专业的所有学生与年龄不大于 20 岁的学生的并集。使用 UNION 将多个查询结果合并起来，系统会自动去掉重复元组。

1.3.4 数据更新

前面的内容主要是对 SQL 的查询语句作了由浅入深的讨论，这些查询语句都不改变数据库中的数据，而是把数据库中的某些信息反馈给用户。然而，一个数据库能否保持信息的正确性、及时性，很大程度上依赖于数据库的更新功能。数据库的更新包括插入、删除和修改 3 种操作。插入语句是往关系表中插入元组；删除语句是从关系表中删除某些元组；修改语句则是修改关系表中已经存在的元组的某些分量的值。

1. 插入数据

数据库的信息时常需要改变，用户需要添加数据，INSERT 语句提供了此功能。INSERT 语句通常有两种形式，一种是插入一个元组，插入的数据以常量形式给出；另一种是插入子查询的结果，即将查询的结果插入到表中，可以一次插入多个元组。

（1）插入单个元组

使用 INSERT 语句实现插入单个元组的基本格式如下：

INSERT

INTO<表名> [(<属性列 1>[，<属性 2>…)]

VALUES(<常量 1>[，<常量 2>]…);

其功能是将新元组插入指定表中。其中新记录属性列 1 的值为常量 1，属性列 2 的值为常量 2……INTO 子句中没有出现的属性列，新记录在这些列上将取空值。

但必须注意的是，在表定义时说明了 NOT NULL 的属性列不能取空值。否则会出错。

如果 INTO 子句中没有指明任何列名，则新插入的记录必须在每个属性列上均有值。

例：将一个新学生记录（借书证号：2009020309；姓名：张朝阳；专业名：地理信息；性别：男；借书数：1；出生年份：1989-11；办证日期：2009-10）插入到 M_STUDENT 表中。

INSERT

INTO   M_STUDENT(借书证号，姓名，专业名，性别，借书数，出生年份，办证日期)

VALUES('2009020309'，'张朝阳'，'地理信息'，'男'，'1'，'1989-11'，'2009-10');

本例中，属性列表的顺序与表结构中顺序相同，且为每个属性列都指定了值，此时可省略属性列表，表示为：

INSERT

INTO   M_STUDENT

VALUES('2009020309'，'张朝阳'，'地理信息'，'男'，'1'，'1989-11'，'2009-10');

但是，如果属性列表的顺序与表结构中的顺序不一致，因此不能省略 INTO 子句中的属性列表。

例：插入一条图书记录（ISBN：7560826903；书名：遥感影像的数字摄影测量；作者：陈鹰；出版社：同济大学出版社）插入到 M_BOOK 表中。

INSERT

INTO   M_BOOK(ISBN，书名，作者，出版社)

VALUES('7560826903'，'遥感影像的数字摄影测量'，'陈鹰'，'同济大学出版社');

新插入的记录将在本属性列上赋默认值 0，在复本和库存列上自动赋空值，本例也可以表示为：

INSERT

INTO   M_BOOK

VALUES('7560826903'，'遥感影像的数字摄影测量'，'陈鹰'，'同济大学出版社'，

0，NULL）；

如果 SQL 拒绝了所插入的一列值，语句中其他各列的值也不会写入，这是因为 SQL 提供对事务的支持。一次事务将数据库从一种一致性转移到另一种一致性。如果事务的某一部分失败，则整个事务都会失败，系统将会自动回滚到此前事务之前的状态。因此必须注意几点：首先在 SQL Server2000 插入数据时在 VALUES 子句中必须将所有列值写出，否则会出现"插入错误：列名或所提供值的数目与表定义不匹配"错误。其次，所有的整型十进制数都不需要用单引号引起来，而字符串和日期类型的值都要用单引号来区别。同样输入文字值时要使用单引号。双引号用来封装限界标识符。最后，对于日期类型，必须使用 SQL 标准日期格式（yyyy-mm-dd）。但是在系统中可以进行定义，以接受其他的格式。

（2）插入子查询结果

子查询不仅可以嵌套在 SELECT 语句中，用以构造父查询的条件，也可以嵌套在 INSERT 语句中，用以生成要插入的批量数据。插入数据时，除了插入单个元组外，还可以将子查询嵌套在 INSERT 语句中，从而插入子查询的结果。插入子查询结果的 INSERT 语句格式如下：

INSERT

INTO <表名>[（<属性列 1>[，<属性列 2>…）]

子查询；

该语句中，子查询用以生成要插入的数据，整个语句的功能是批量插入，一次将子查询的结果全部插入指定表中。子查询中 SELECT 子句目标列不管是值的个数还是值的类型必须与 INTO 子句匹配。

例：在数据库新建一个表，存放 M_STUDENT 表中各专业的学生人数。

首先在数据库中新建一张表，存放各专业的名称及学生人数。

CREATE TABLE Major_num

（专业名 char(12)，人数 int）；

然后求得各专业的人数并插入新建的表中。

INSERT

INTO Major_num

SELECT 专业名，count（借书证号）

FROM M_STUDENT

GROUP BY 专业名；

注意：DBMS 在执行插入语句时会检查所插元组是否破坏表上已定义的完整性规则，包括实体完整性、参照完整性和用户定义的完整性。

2. 修改数据

修改操作又称为更新操作，语句的一般格式如下：

UPDATE<表名>

SET<列名>=<表达式>[，<列名>=<表达式>]…

[WHERE<条件>]；

该语句的功能是修改指定表中满足 WHERE 子句条件的元组。其中 SET 子句用于指定修改方式、要修改的列和修改后的取值，即用<表达式>的值取代相应的属性列值。WHERE 子句指定要修改的元组，如果省略 WHERE 子句，则表示要修改表中的所有元组。

注意：DBMS 在执行修改语句时会检查所修改元组是否破坏表上已定义的完整性规则，包括实体完整性（一些 DBMS 规定主码不允许修改）、参照完整性和用户定义的完整性。

更新包括如下几种操作：
(1) 更新表中全部的数据
例：将所有学生的借书数清为 0。
UPDATE　M_STUDENT
SET 借书数=0；
(2) 更新表中某些元组的数据
例：将武汉大学出版社的图书的复本数和库存量加 10。
UPDATE　M_BOOK
SET 复本数=复本数+10，库存量=库存量+10
WHERE 出版社='武汉大学出版社'；
(3) 带子查询的修改
例：将地理信息专业的所有学生的应还书日期改为 2012-01-01。
UPDATE　M_BORROW
SET 应还时间='2012-01-01'
WHERE 借书证号 IN
　　(SELECT 借书证号
　　　FROM　M_STUDENT
　　　WHERE 专业名='地理信息')；
或表示为：
UPDATE　M_BORROW
SET 应还时间='2012-01-01'
WHERE　'地理信息'=
　　(SELECT 专业名
　　　FROM　M_STUDENT
　　　WHERE 借书证号=M_BORROW.借书证号)；

3. 删除数据
删除语句的一般格式如下：
DELETE
FROM<表名>
[WHERE<条件>]；

DELETE 语句的功能是从指定表中删除满足 WHERE 子句条件的所有元组。如果省略 WHERE 子句，表示删除表中全部元组，但表的定义仍在字典中。也就是说，DELETE 语句删除的是表中的数据，而不是关于表的定义。

（1）删除某个（某些）元组的值

例：删除书号 ISBN 为 9787503018039 的图书。

DELETE
FROM M_BOOK
WHERE ISBN = '9787503018039';

DELETE 操作也是一次只能操作一个表，因此同样会遇到 UPDATE 操作中提到的数据不一致问题。比如 9787503018039 图书在 M_BOOK 表中被删除后，有关它的借阅信息也应同时删除，而这必须用一条独立的 DELETE 语句完成。

例：2009 级的学生毕业了，删除 M_STUDENT 表中 2009 级学生的记录（2009 级学生的借书证号是以 2009 开头的）。

DELETE
　　FROM　M_STUDENT
　　WHERE 借书证号 like '2009%';

（2）删除全部元组的值

例：清空借阅记录表。

DELETE
　　FROM　M_BORROW;

（3）带子查询的删除语句

例：删除工程测量专业的所有学生的借阅记录。

DELETE
　　FROM　M_BORROW
　　WHERE 借书证号 IN
　　　　（SELECT 借书证号
　　　　　FROM　M_STUDENT
　　　　　WHERE 专业名 = '工程测量'）；

或表示为：

DELETE
　　FROM　M_BORROW
　　WHERE '工程测量' =
　　　　（SELECT 专业名
　　　　　FROM　M_STUDENT
　　　　　WHERE 借书证号 = M_BORROW. 借书证号）；

注意：DBMS 在执行删除语句时，会检查所删元组是否破坏表上已定义的参照完整性规则，检查是否不允许删除或是需要级联删除。

1.3.5　视图

前面所讨论的关系，都是实际存在于数据库中的，它们不仅在逻辑上是一张表，在物理上也以表的形式存储于实际的存储介质上。这些表一般都是通过 CREATE TABLE 语句建立的。

本节将讨论另一种 SQL"关系",它们实际上并不存在,只是在逻辑上可以看做是一张表,我们称之为"视图"(view)。我们可以把视图当成是普通的关系一样予以建立、查询、修改或者删除。

视图通常是按不同的应用领域或不同的用户群体进行定义,从而使用户从数据库中浩如烟海的数据中超脱出来,只关注自己需要的数据,透过它可以看到数据库中用户感兴趣的数据及其变化。另一方面,视图也是对数据库中的数据进行安全保护的一种机制,使数据库中一些保密的数据对无关人员成为不可见的,从而不能随意查询。

1. 定义视图

在 SQL 语言中,定义视图的基本语句如下:

CREATE VIEW<视图名>[(<列名>[,<列名>]…)]

AS<子查询>

[WITH CHECK OPTION];

该语句中,子查询可以是任意复杂的 SELECT 语句,可以来自一个表,也可以来自多个表,还可以来自一个或多个视图。但一般来说,SELECT 语句中不允许含有 ORDER BY 子句和 DISTINCT 短语。

WITH CHECK OPTION 选项指出在视图上进行 UPDATE、INSERT、DELETE 操作时要符合子查询中条件表达式所指定的限制条件。

例:建立地理信息专业学生借阅图书的视图 GISTUDENT(GI 是地理信息 Geographic Information 的缩写),包括学生的借书证号、姓名、性别、所借书的 ISBN 和借书时间,且要保证对该视图进行修改和插入操作时都是地理信息专业的学生。

CREATE VIEW GISTUDENT

AS SELECT M_STUDENT. 借书证号,姓名,性别,ISBN,借书时间

FROM M_STUDENT,M_BORROW

WHERE M_STUDENT. 借书证号=M_BORROW. 借书证号 AND 专业名='地理信息'

WITH CHECK OPTION;

定义了这个视图 GISTUDENT 之后,我们就可以把 GISTUDENT 看做是一个虚拟的表。为了与这种虚拟表相区别,又把实际存在的表称为基本表。

例:创建一个视图 GISTUDENT_20121010,该视图中定义的是地理信息专业学生 2012 年 10 月 10 日前的借阅图书情况。

分析:该例可以直接对表进行查询,建立视图,也可以对视图进行查询建立视图。

CREATE VIEW GISTUDENT_20121010

AS SELECT *

FROM GISTUDENT

WHERE 借书时间<='20121010';

可以看出,视图的内容就是子查询的查询结果,但要注意,视图的内容并不另外存放在数据库中,事实上,数据库中只存放视图的定义,实际的数据仍然放在原基本表的物理

存放位置上。

定义基本表时，为了减少数据库中的冗余数据，表中只存放基本数据，由基本数据经过各种计算派生出的数据一般是不存储的。由于视图中的数据并不实际存储，所以定义视图时可以根据应用的需要设置一些派生属性列。这些派生属性由于在基本表中并不实际存在，所以有时也称它们为虚拟列，带虚拟列的视图我们称为带表达式的视图。

如果我们想为定义的视图重新设置属性名，则定义视图时在视图后面紧跟着属性名列表就可以了。

2. 查询视图

视图定义后，用户就可以像查询基本表一样查询视图了。DBMS 在执行对视图的查询时，首先进行有效性检查，检查查询涉及的表、视图等是否在数据库中存在，如果存在，则从数据字典中取出查询涉及的视图的定义，把定义中的子查询和用户对视图的查询结合起来，转换成等价的对基本表的查询，然后再执行转换以后的查询。将对视图的查询转换为对基本表的查询过程称为视图的消解(View Resolution)。

例：查询摄影测量专业 2011 年 12 月 30 日借书的学生的借书证号、姓名和 ISBN。

SELECT 借书证号，姓名，ISBN
FROM GISTUDENT
WHERE 借书时间 = '2011-12-30'；

DBMS 在执行此查询时，首先进行有效性检查，然后从数据字典中取出 GISTUDENT 视图的定义：

CREATE VIEW GISTUDENT
AS SELECT M_STUDENT. 借书证号，姓名，性别，ISBN，借书时间
FROM M_STUDENT，M_BORROW
WHERE M_STUDENT. 借书证号 = M_BORROW. 借书证号 AND 专业名 = '摄影测量'
WITH CHECK OPTION；

再将二者进行合并消解，转换为对基本表的查询：

SELECT M_STUDENT. 借书证号，姓名，ISBN
FROM M_STUDENT，M_BORROW
WHERE M_STUDENT. 借书证号 = M_BORROW. 借书证号
    AND 专业名 = '摄影测量'
    AND 借书时间 = '2011-12-30'；

一般来说，DBMS 都可以将对视图的查询正确转换为对基本表的视图，但是，当对有些视图进行查询时，可能会出现语法错误。

例：查询学生所借图书的总价值超过 200 元的学生的借书证号、姓名和总价值。

SELECT 借书证号，姓名，总价值
FROM TOTAL_PRICE
WHERE 总价值>200；

将该查询与对视图 TOTAL_PRICE 的定义结合起来，消解得到的查询语句为：

SELECT M_BORROW. 借书证号，姓名，SUM(价格)

FROM M_STUDENT，M_BOOK，M_BORROW
　　WHERE M_STUDENT．借书证号＝M_BORROW．借书证号
　　　　AND M_BOOROW．ISBN＝M_BOOK．ISBN AND SUM(价格)＞200
　　GROUP BY M_BORROW．借书证号；

显然，转换为对基本表的查询语句是错误的，因为WHERE子句中不能用聚集函数作为条件表达式，正确的查询语句应该为：

　　SELECT　M_BORROW．借书证号，姓名，SUM(价格)
　　FROM　M_STUDENT，M_BOOK，M_BORROW
　　WHERE　M_STUDENT．借书证号＝M_BORROW．借书证号 AND M_BOOROW．ISBN＝M_BOOK．ISBN
　　GROUP BY M_BORROW．借书证号 HAVING SUM(价格)＞200；

因此，当视图的定义中出现了聚集函数所生成的属性列时，如果要对该视图进行有条件限制的查询，应该直接对基本表进行查询。

3. 更新视图

视图的查询可以像对基本表进行查询一样，但对视图的元组的更新就与基本表的数据更新不同，因为视图是不实际存储数据的虚表，因此对视图的更新，最终要转换为对基本表的更新。更新视图包括插入(INSERT)、删除(DELETE)和修改(UPDATE)3种操作。

为防止用户通过视图对数据进行增删改时，无意或故意操作不属于视图范围内的基本表数据，可在定义视图时加上WITH CHECK OPTION子句，这样在视图上增删改数据时，DBMS会进一步检查视图定义中的条件，若不满足条件，则拒绝执行该操作。此外，还有其他的一些视图也是允许更新的，但是确切的哪些视图可以更新是有待进一步研究的课题。

例：将视图GISTUDENT中借书证号为"2009020523"的学生所借图书的ISBN改为9787802093461。

　　UPDATE　GISTUDENT
　　SET ISBN＝'9787802093461'
　　WHERE 借书证号＝'2009020523'；

本例中该更新语句是可以执行的，且执行时也是转换为对基本表的更新。但是对于视图GISTUDENT和TOTAL_PRICE的更新是不允许的。

4. 删除视图

撤销视图的语句格式如下：

　　DROP VIEW＜视图名＞

一个视图被删除后，由此视图导出的其他视图也将失效，用户应该使用DROP VIEW语句将它们一一删除。

5. 视图的特点

通过前面的讲解，可能有的读者会问，对视图的操作最终要转换为对基本表的操作，而且对其进行更新还有很多的限制，既然如此，为什么还要使用视图呢？

合理的使用视图有如下几个优点：

①视图能够简化用户观点。在使用数据库的过程中,可能有部分数据是用户集中关心的数据,而且此数据要经过多次投影和连接操作才可获得,视图机制正好适应了用户的需要,用户所做的只是对一个虚表的简单查询,这个虚表是如何得来的、数据库是如何实现该查询的,用户不必关心,从而更加清晰地表达查询。

②视图在一定程度上保证了数据的逻辑独立性。本书开头曾经介绍过,数据的逻辑独立性是指用户的应用程序与数据的逻辑结构是相互独立的,即数据的逻辑结构改变了,用户程序也可以不变。因为视图来自于基本表,因此如果基本表的结构发生了改变,则只需要修改定义视图的子查询,一般不需要修改基于视图的操作或应用程序,从而在一定程度上保证了数据的逻辑独立性。

③视图在一定程度上提高了数据的安全性。有了视图机制就可以为不同的用户定义不同的视图,把数据对象限制在一定的范围内,也就是说,不同的用户只能看到与自己有关的数据,自动地对数据提供一定的安全保护。例如,在 M_STUDENT 表的基础上建立几个视图,分别包括各个专业的学生数据,这样就可以把学生的数据按照专业限制在不同的范围内,只有测绘工程专业的老师才可以查看本专业的学生,而无权去查看其他学院或者系专业的学生信息。

④视图使用户能以多种角度看待同一数据

视图机制能使不同的用户以不同的方式看待同一数据,当许多不同种类的用户使用同一个数据库时,这种灵活性是非常重要的。

1.3.6 数据控制

SQL 语言提供了数据控制功能。数据控制也称为数据保护,包括数据的安全性控制、完整性控制、并发控制和恢复,能够在一定程度上保证数据库中数据的安全性、完整性,并提供了一定的并发控制及恢复能力。

并发控制指的是当多个用户并发地对数据库进行访问或操作时,对他们加以控制、协调,以保证并发操作正确执行,并保持数据库的一致性。恢复指的是当发生各种类型的故障,使数据库处于不一致状态时,将数据库恢复到一致状态的功能。

数据库的安全性是指保护数据库,防止不合法的使用所造成的数据泄露和破坏。这里所说的是 SQL 语言的安全性控制。SQL 语言所提供的数据的安全性控制主要包括两个方面,一是对用户或者角色授予操作权限,二是收回对某用户或者角色的权限,所使用的语句是 GRANT 和 REVOKE 语句。

1. 授权

SQL 语言用 GRANT 语句向用户授予操作权限,GRANT 语句的一般格式如下:
GRANT<权限>[,<权限>]…
[ON<对象类型> <对象名>]
[TO<用户>[,<用户>]…
[WITH GRANT OPTION];
其语义为:将对指定操作对象的指定操作权限授予指定的用户或角色。

接受权限的用户可以是一个或多个具体用户,也可以是 PUBLIC 即全体用户。如果指定了 WITH GRANT OPTION 子句，则获得某种权限的用户还可以把这种权限再授予别的用户。如果没有指定 WITH GRANT OPTION 子句，则获得某种权限的用户只能使用该权限，但不能传播该权限。

2. 回收权限

授予的权限可以由 DBA 或其他授权者用 REVOKE 语句收回，REVOKE 语句的一般格式如下：

REVOKE<权限>［，<权限>］…
［ON<对象类型> <对象名>］
［FROM<用户>［，<用户>］…

【本章小结】

本章第一节首先阐述了数据库的基本概念，介绍了数据库与数据模型、数据库系统领域中的常用术语以及数据库系统的组成与结构，其次介绍了组成数据模型的三个要素、概念和三种主要的数据库模型（即层次模型、网状模型和关系模型）。学习本节应把注意力放在掌握基本概念和基本知识方面，为进一步学习后面的章节打好基础。

第二节是本章的重点。这是因为关系数据库系统是目前使用最广泛的数据库系统，本书所讲解的空间数据库也是基于关系的。

第三节系统而详尽地讲解了 SQL 语言。SQL 是关系数据库语言的工业标准。各个数据库运营商所支持的 SQL 语言在遵循标准的基础上常常会作不同的扩充或修改。本节介绍的是标准 SQL，因此，本章的绝大部分例子应能在不同的系统如 Oracle、Sybase、DB2、MySQL、Foxpro、Access 和 SQL Server 等众多系统上运行，同时也有几个例子列举了不同系统上运行时的区别。

在讲解 SQL 语言的同时进一步讲解了关系数据库系统的基本概念，使这些概念更加具体和丰富。

SQL 语言可以分为数据定义、数据查询、数据更新和数据控制四大部分，有时人们把数据更新称为数据操纵，或把数据查询与数据更新合称数据操纵。SQL 语言的数据查询功能是最丰富也是最复杂的，读者应加强练习。

【练习与思考题】

1. 试述数据、数据库、数据库管理系统、数据库系统的概念。
2. 使用数据库系统有什么好处？
3. 试述数据库系统的特点。
4. 数据库管理系统的主要功能有哪些？
5. 常用的数据模型有哪几种？各有什么特点？它们之间有什么联系？
6. 简述关系的完整性。
7. 试述关系数据语言的特点和分类。
8. 试述 SQL 语言的特点。
9. 简述 SQL 的定义功能。

10. 什么是基本表？什么是视图？两者的区别和联系是什么？
11. 简述视图的优点。
12. 所有的视图是否都可以更新？为什么？
13. 用 SQL 语句建立一个学生基本信息表，要求列出学号、姓名、性别、出生日期、家庭住址，建成表格后，自行输入假定数据，完成对于属性列的查询和删除功能。

第 2 章 空间数据库理论基础

【教学目标】

本章介绍了空间数据库的相关概念、特点和作用，重点讲述了空间数据模型的种类。通过本章的学习，要达到的知识目标是了解空间数据库系统的各个相关概念，如空间、空间数据和空间数据库，理解和掌握空间数据库的特点。同时，能力目标应达到熟悉各种空间数据模型，为后续的学习打下基础。

2.1 空间数据库概述

2.1.1 空间数据库的定义

1. 空间的定义

（1）空间

同时间一样，空间是人类最基本的认识对象之一。日常语义的"空间"是指事物之间的距离或间隔。空间知识的本质问题是一个古老的研究领域，哲学家、天文学家、物理学家对空间的论述众说纷纭。从中世纪开始，在自然哲学和自然科学中"空间"取得了一个更为抽象的意义，它是指包容一切事物的无限的维度。布鲁诺空间作为一种持续延伸的三维自然属性。牛顿认为空间是一个可以由数学方法测量的对象，如欧氏几何所描述的空间。牛顿的追随者多把空间作为一种客观存在物——物体或物质。莱布尼茨强调空间是一个关系概念，表示事物之间共有的数学关系，是各种关系的总和，没有物体就没有空间，如拓扑几何学和图论描述的就是空间节点之间的关系。康德则从主观方面界定空间，认为空间不是一个从外部经验而来的经验概念，而是人类感觉的一种形式，由于空间才能将人类对外部事物的各种感觉统一起来。

空间是一个复杂的概念，具有多义性，概念有与时间对应的含义，也有"宇宙空间"的含义。空间可以定义为一系列结构化物体及其相互联系的集合(Gatrell，1991)。从感观角度讲，空间可以看做是目标或物体存在的容器和框架(Freraksa，1991；Nunes，1991)，因此空间更倾向于理解为物理空间。不同的科学中对空间的解释各不相同，天文学认为空间是时空连续体系的一部分；从物理学的角度，空间为宇宙三个相互垂直的方向上所具有的广延性；在数学中空间的范围很广，一般指某种对象(现象、状况、图形、函数等)的任意集合，其中要求说明"距离"或"邻域"的概念；从地理学的意义上讲，空间是客观存在的物质空间，是人类赖以生存的地球表层具有一定厚度的连续空间域，是地理信息系统研究的对象。为了在 GIS 中对地理信息空间进行描述，常常需要借助于抽象的数学空间表达方法。

(2) 欧氏空间

欧氏空间是对物理空间的一种数学理解与表达，是 GIS 中常用的一种重要的数学空间。大多数空间实体在 GIS 中用二维方法描述。其关于距离以及方位的度量依赖于欧氏空间，许多地理信息模型均以欧氏空间为基础。欧氏空间是欧氏几何所研究的空间，是对现实空间简单而确切的近似描述，分为平面和立体两种，可以看做是描述空间的坐标模型。其中平面空间通过一个简单的二维模型把空间特征转变成实数元组特征，该二维模型建立在包括一个固定原点和相交于原点的两条坐标轴的平面直角坐标框架下，对点、线、面特征的描述均有相关规定。

(3) 拓扑时空

拓扑时空是另一种理解和描述物理空间的数学方法，也是 GIS 中常用的重要数学空间。欧氏空间擅长二维或三维空间表的空间方位、规模的表达，而拓扑空间是描述空间目标宏观分布或目标之间相互关系的有效方法。

"拓扑"一词源于希腊文，原意为"形状的研究"。拓扑学是几何学的一个分支，研究图形在拓扑变化时不变的性质，它对 GIS 处理的几何对象及空间关系给出了严格的数学描述，为 GIS 中空间点、线、面之间的包含、覆盖、分离和链接的空间关系的描述提供了直接的理论依据。拓扑空间是距离空间的拓展。从更广泛的意义来看，拓扑空间是一组任意要素集，是一个连续的概念，并在位置关系基础上进行定义。区域、边界、连通等几何对象以及几何对象的空间关系在拓扑空间中均有定义。在拓扑空间中，欧氏平面可以想象成由理想弹性模式做成的平面，它可以任意延伸和收缩，但不允许折叠和撕裂。若空间目标间的惯量、相邻与连通等几何属性不随空间目标的平移、旋转、缩放等变换而改变，这些保持不变的性质称为拓扑属性，变化的性质则称为非拓扑属性。如一个多边形及多边形内的一点，无论怎么延伸或收缩，该点仍不会在多边形的面积上发生变化，这里点的"内置"是拓扑属性，面积则为非拓扑属性。拓扑关系是不考虑距离和方向的空间目标之间的关系，包括相邻、邻接、关联和包含等。GIS 中利用拓扑可以有效减少数据存储量。在空间分析中利用拓扑可以高效管理要素的共同边界、定义并维护数据的一致性法则，进行空间特征的检索查询、叠加、缓冲等分析。在数据处理中有效协助数据空间、属性的重新组织等。拓扑关系也可以用于检测数据质量或生成新数据集。

(4) 地理空间

地球表面上的一切地理现象、地理时间、地理效应、地理过程统统都发生在以地理空间为背景的基础之上。在地理学中，地理空间是指物质、能量、信息的存在形式在形态、结构、过程、功能关系上的分布方式、格局及其在时间上的延续。它是上至大气电离层，下至莫霍面的区域内物质能量发生转化的时空载体，是宇宙演化和人类活动对地球影响最大的区域，它被定义为具有空间参考的信息的地理实体或地理现象发生的时空位置集。地理空间十分复杂，其各组成成分之间存在内在联系，形成一个不可分割的统一整体。而且地理空间具有等级差别，同等级地理空间之间亦存在差异。

GIS 中的空间是指经过投影变换后，在笛卡儿坐标系中的地球表层特征空间。它是地理空间的抽象表达，是信息世界的地理空间。地理空间有地理空间定位框架及其所连接的地理空间特性实体组成。其中地理空间定位框架即大地测量控制，为建立所有地理数据的坐标位置提供通用参考系统，将所有地理要素同平面及高程坐标系连接。地理空间特征实体则为具有形状、属性和时序性的空间对象。

GIS中地理空间一般被定义为绝对空间和相对空间两种空间形式。绝对空间是具有属性描述的空间几何位置的集合，由一系列不同位置的空间坐标组成；相对空间是具有描述的空间属性特征的实体集合，由不同实体之间的空间关系构成。具体来说，绝对空间来源于地理位置的唯一性，有其欧式空间基础，即相对于地球坐标系的绝对位置；相对空间则是根据实体之间的空间关系及其推理机制定义的，通过地理空间和欧式空间的统一，将地理现象的相对特性(宏观的空间关系)和绝对特性(空间位置的准确特征)紧密有机地联系在一起。

地理空间是多维的，长期以来，主要考虑二维地理空间的问题，将地理空间简化为二维投影的概念模型一直是二维制图和GIS中的普遍做法。随着应用的深入，二维简化空间的缺陷越来越明显，需要加强研究地理空间的三维本质特征及在三维空间概念模型下的一系列处理方法。从三维GIS的角度，地理空间应具有不同于二维空间的三维特征：①几何坐标上增加第三维信息(垂向坐标信息)；②垂直坐标信息的增加导致空间图片更新的复杂化，无论零维、一维、二维还是三维对象，在垂向上都具有复杂的空间拓扑关系；③二维拓扑关系式在平面上呈圆状发散伸展，而三维拓扑关系则是在三维空间中呈球状向无穷维发展；④三维地理空间中的三维对象具有丰富的内部信息(包括属性分布，结构形式等)。

地理空间具有可分性。任何一个空间域都可以分成若干个子区域，这些分割可以是镶嵌分割或循环分割，其中前者有著名的泰森多边形和三角形，而后者是GIS中数据模型TIN的原型，常用的一个循环分割法有四叉树，这种以正方形为基础的循环划分方法可以推广到以点、矩形和三角形为基础的划分方法。

地理空间具有尺度特征。从理论上讲，地理空间是无限可分的，但对于地理空间的描述必须建立在一定的尺度基础上，在地理学上尺度一般都表述为比例尺。同一对象在不同尺度空间的描述是不同的，如在大比例尺地图上一条河流为面状对象，而在小比例尺上该对象可能是一线对象，因此，在研究地理空间问题时，尺度性必须加以考虑。

2. 空间数据与空间信息

空间数据(地理空间数据)指以地球表面空间位置为参照的自然、社会、人文、经济数据，可以是图形、图像、文字表格和数字等。它所表达的信息就是空间信息，反映空间实体的位置以及与该实体相关联的各种附加属性的性质、关系、变化趋势和传播特性等的总和。在实际应用中，人们一般不去刻意区分空间数据和空间信息的区别，而是将二者等同起来，因此，下面的叙述中不再去严格区分空间信息和空间数据。

空间信息具有定位、定性、时间和空间关系等特性。定位是指在已知的坐标系里空间目标都具有唯一的空间位置；定性是指有关空间目标的自然属性，它与目标的地理位置密切相关；时间是指空间目标是随时间的变化而变化；空间关系通常用拓扑关系表示。

空间信息是现实世界地理实体或现象在信息时间中的映射，它所反映的特征应包括自然界中的地理实体向人类传递的基本信息。空间数据描述的是所有呈现二维、三维甚至多维分布的关于区域的现象,不仅包含表示实体本身的空间位置及形态,还包括表示实体属性和空间关系的信息。

①空间性:空间性是空间信息最主要的特征,是区别于其他信息的一个显著的标志。空间性表示了空间实体的地理位置、几何特性、以及实体间的拓扑关系,从而形成了空间物体的位置、形态及由此产生的一系列特性。

②时间性:空间和时间是客观事物存在的形式,两者是紧密联系的。空间数据的时间是指空间数据的空间特性和属性随时间变化的动态特征,即时序性。空间数据的时间特性反映了空间数据的动态性。我们所生活的现实世界是一个时变系统,如果用空间数据对现实世界的变化进行描述,则空间数据的变化是不连续性的,而是在时间轴上的离散采样,一定空间范围内的一次采样对应时间轴上的一个离散采样点。

③非语义性:语义是反映人类思维过程和客观实际的方面,是人们对客观事物的反映,但并不全等同于客观事物。通俗地讲,如果数据能够被人类认识理解,并能够与具体的事物相对应,就说明数据是语义的。

空间数据的这些特点为空间数据的组织和存储提供了特殊的要求。目前,空间数据一般以矢量或栅格数据的形式存在,在一些简单的应用中,大部分以文件的方式保存,这种方式在管理和查询上存在不便,数据存储的冗余度大,共享困难,还存在数据安全方面的问题。随着空间数据库技术的使用,解决了空间数据的存储和管理方面的问题。同关系数据库一样空间数据库可以对存储在其中的空间数据检索查询,提供数据的更新与备份、共享与并发的使用,并提供安全机制等,同时还可以进行矢量栅格一体化的存储与查询。

空间数据的来源是多种多样的,但是大部分的空间数据主要来源于8个方面。

①地图的数字化:由于以往地理空间信息的主要表达形式或载体是地图,所以数字化地图就成为地理信息的主要来源之一,由地图到地理空间信息的转化有两种主要途径,即直接数字化地图和地图扫描后提取。该方法的优点是快捷有效但容易出现数据的不确定性问题,另外,误差控制和质量控制问题在这一过程中容易出现。

②实测数据:通过野外实地测量获取的数据,如采用测量仪器进行实际勘察测量。用这种方法得到某些典型或主要空间和地理过程的数据可以补充用其他方法获取的数据,如实测影像数据的控制地物、模糊部分等。

③实验数据:模拟地理真实世界中地物与过程特征产生的数据,它们表示在特定条件下的实际状况。如农业实验站的获取的各种数据,可以近似表达某种区域中大气——土壤——植被系统的运作状况;地貌发育实验获取的数据可以近似表达某种环境条件下,地貌发育过程及各种特征。实验数据与实测数据的结合使用效果更佳。

④遥感与GPS数据:由航空、航天各种实施获取的数据,如卫星影像数据获取。今后,遥感数据将成为地球空间数据的主要来源之一。目前,对这些数据的处理存在影像解译、分类、提取等一系列操作的自动化和信息质量的问题。GPS可以准确获取地物的空间位置,它已逐渐成为其他地球空间数据源的订正、校准手段。GPS、RS(Remote Sensing, RS)、GIS(Geography Information Science, GIS)的"3S"一体化应用是地球空间数据获取的一个方向。

⑤理论推测与估计数据:在不能通过其他方法直接获取数据的情况下,常用有科学依

据的理论来推测获取数据。如，对地球演化、地质过程、地貌演化、生物物种的分布和变迁、沙漠化进程等数据，依据现代地理特征的订正和过程规律去推测过去的各种数据。地质上常用这种方法获取数据。另外，对于一些短期内需要，但又不能直接测量获取的数据，如洪水淹没损失、地震影响区、风灾损失面积。经济财产损失等常用有依据的估算方法。

⑥历史数据：指历史文献中记录下来的关于地理区域及地理事件的各种信息，这类信息十分丰富，对于建立序列地球空间数据很宝贵。经过基于地学知识关联的整理和完善，这些信息将成为可用的地球空间数据。由于种种原因，这些数据中存在着不确定性描述信息、错漏、重复、不系统、不规范等问题，应予以订正。如在地震历史数据中，可能有两个地点记录的是同一次地震。由于距震中的距离不同，则记录为两次震级不同的地震。这需要根据各种专业和非专业背景知识加以修订。

⑦统计普查数据：由空间位置概念的统计数据通过与空间位置关联或其他处理可以转化为地球空间数据。普查方法获取的数据比统计数据更准确、更全面，普查涉及经济、社会、自然环境各方面，如人口普查、工业普查、农业普查、自然资源调查等。这方面过去已有大量的积累，但往往以非空间信息格式存在，因而，如何将这些数据转化为符合一定标准的地理信息是一项艰巨的工程，首先，地学领域的人员应向人们展示普查数据按地理空间信息利用的优越性和效益，然后，用适当的方法诱导普查数据地理信息空间信息化。如美国人口调查局已开始与ESRI(Environmental Systems Research Institute，ESRI)合作，以实现人口调查数据在空间数据概念上的应用。

⑧集成数据：主要是指由已有的地球空间数据经过合并、提取、布尔运算、过滤等操作得到新的数据。其次，用这种方法获取数据在地图界已有很好的传统，但只有在GIS和计算机制图系统出现和应用以来，这一工作才变得快速、准确、有效。

3. 空间数据库

空间数据库主要是为GIS提供空间数据的存储和管理方法。空间数据的存储和管理方法通常有两种方式：空间数据文件存储管理和空间数据库存储管理。

空间数据文件存储和管理即空间数据以操作系统的文件形式保存在计算机中。具有代表性的有：MapInfo使用的WOR和TAB文件，ArcInfo使用的Coverage和Shape文件等。操作系统的文件管理系统为GIS提供了对数据输入和输出操作的功能接口，进而提供数据存取方法。空间数据文件存储和管理的特点是：一个GIS软件可以同时直接使用多个空间数据文件，一个空间数据文件也可同时为多个GIS软件共享；但空间数据存储在不同的文件里造成数据面向应用的多个文件之间彼此孤立，不能反映数据之间的联系，易造成数据的冗余不一致性等问题。

如何才能解决文件管理上的这些问题，即空间数据库不应该仅采用面向具体应用的数据结构，而应该采用一种通用的结构表达；空间数据文件之间不应该是批次孤立的，文件之间应建立联系；要避免不同文件之间的数据的冗余存储，相同的数据一般只存储一次。由此，逐渐发展成为一种采用数据库对空间数据进行存储和管理的方法。

通常，数据库是数据库系统的简称。一个完整的数据库系统应该包括数据库存储系统、数据库管理系统(Database Management System，DBMS)和数据可应用系统三个组成部分。其中，数据库存储系统是按照一定的结构组织在一起的相关数据的集合，通常是一系列相互关联的数据内文件；数据库管理系统是提供数据库建立、使用和管理工具的软件系统。典型的数据库管理系统有：微软公司的 Access、SQL Server，甲骨文公司的 Oracle，以及 Sybase、IBM DB2、MySQL 等。而数据库应用系统则是为了满足特定的用户数据处理需求而建立起来的，具有数据库访问功能的应用软件，它提供给用户一个访问和操作特定数据库的用户界面。

同理，空间系统数据库也由三个部分所组成。其中空间数据库存储系统指的是 GIS 在计算机存储介质上存储的应用相关的地理空间数据的总和，一般是以一系列特定结构的文件的形式存储在硬盘、光盘等存储介质中的。如图 2.1 所示。

图 2.1　空间数据库系统组成

空间数据库管理系统则是指能够对介质上存储的地理空间数据进行语义和逻辑上的定义，提供必需的空间数据查询检索和存取功能，以及能够对空间数据进行有效的维护和更新的一套软件系统。空间数据库管理系统的实现是建立在常规的数据库管理系统之上的。它除了需要完成常规数据库管理系统所必需的功能之外，还需要提供特定的针对空间数据的管理功能。

由 GIS 的空间分析模型和应用模型所组成的系统可以看做是空间数据的数据库应用系统，通过它不但可以全面地管理空间数据，还可以运用空间数据进行分析和决策。

空间数据管理实现方式从文件发展到数据库主要经历了四个阶段。

①初级式的管理模式：代表性 GIS 为 Arcinfo 的 Coverage 文件管理模式。其空间分析功能和属性处理分别直接调用空间数据文件和属性数据文件进行数据处理。

②混合式的管理模式：代表性 GIS 为 Arcinfo、ArcView GIS 的 Shape 文件和 MapInfo 的

TAB文件等管理模式。其空间分析功能调用空间数据管理模式块对空间数据文件进行处理，属性数据利用属性数据库进行管理。

③扩展式的管理模式(引擎方式)：代表性GIS为ArcInfo的GeoDatabase(Spatial Database Engine，SDE)。它是在常规数据库管理系统之上添加一层空间数据库引擎，以获得常规数据库管理系统功能之外的空间数据存储和管理的能力。

④集成式的管理模式：代表性系统为Oracle Spatial Cartridge(对象—关系数据库)。它是直接对常规数据库管理系统进行功能扩展，加入一定数量的空间数据库存储与管理功能。

2.1.2 空间数据库特点

1. 空间数据的特征

空间数据有三大基本特征：空间特征、时间特征和属性特征。其中，空间特征是空间数据独有的，指的是空间对象的位置、形状、大小等几何特征以及与相邻地物之间的拓扑关系；而时间特征和属性特征是一般信息系统中的数据都具有的，空间数据库建库过程中需要考虑空间数据的实效性，尽量采用现势性强的数据。下面重点谈空间数据的空间特征。空间数据的空间特征包括比例尺、坐标系和投影类型等，它们也是空间数据库的宏观定义，建立空间数据库时必须着重考虑。

(1)比例尺

作为空间数据特征的比例尺是指空间数据库入库前原始图件的比例尺，而数字化后的地图可在一定范围内按任意比例尺显示。空间数据库的比例尺通常取决于用户对空间数据的精度要求及所研究域的大小。精度要求越高，地图比例尺就越大，内容愈详细，数字化工作量和存储量越大，一般来说，城市GIS的比例尺较大，通常在1:5000以上。应指出的是，整个空间数据库未必建立在同一比例尺之上，因为有些GIS应用会同时需要不同比例尺的空间数据。

(2)坐标系

空间数据库中常用的坐标系有地理坐标系和平面直角坐标系。

①地理坐标系。地球表面上任意一点的位置都可由经纬度(φ，λ)来确定，从通过格林威治天文台的子午面为东经($0°\sim108°$)，向西为西经($0°\sim180°$)；从赤道面算起，向北为北纬($0°\sim90°$)，向南为南纬($0°\sim90°$)。在空间位置要求很明确的GIS中，空间数据库一般建立在地理坐标之上，因为经纬度不仅能表示空间对象在地球表面上的位置，还能显示其地理方位及所处的时区、两地间的时差等。例如，有GIS数据接口的背景数据库就是建立在地理坐标系之上的。另外，小比例尺大区域且经常需要进行投影变换的GIS，也需要考虑采用地理坐标系。

②平面直角坐标系。平面直角坐标系定义一个原点(0，0)及(x，y)轴方向，然后通过(x，y)值确定某个地理实体的位置。在这个坐标系中，统计面积、距离量算等较为方便，在测绘中应用较广，如房产测绘等。它适合于大比例尺小区域的GIS应用。

(3)投影

上面两种坐标系可以通过地图投影来建立联系，即地球表面任一由地理坐标(φ，λ)

确定的点，在平面上必然有一个有平面直角坐标(x，y)确定的点与它相对应。在大比例尺地形图上，两种坐标网都可表示。

在 GIS 应用中，选择地图投影类型的首要标准是经纬线形状和变形性质能否满足 GIS 对数据的要求；其次是投影的变形要小且分布均匀，使等变形线大致与区域轮廓一致；再则就是经纬网形状不复杂，便于识别和投影计算、转换等。

在各种地图投影中，高斯—克吕格投影（简称高斯投影）是目前使用较广泛的地图投影，它以地球椭球体面为原面，实行等角横轴切椭圆投影。高斯—克吕格投影具有投影公式简单、各带投影性质相似等优点，适合大区域的制图，为许多国家所采用；同时，它采用6°或3°分带法进行分带投影，这样可以控制变形，提高地图精度，减少坐标值的计算工作等。在高斯投影坐标网上，还可绘上经纬网和方里网。我国于1952年开始将之正式作为国家大地测量和五十万分之一及更小比例尺的国家基本地形图的数学基础。

在 GIS 应用中需要进行高程分析，还应该考虑所选用的高程系，我国的高程系有1956年黄海高程系和1985年国家高程系，在利用一些旧的地形图数据的时候可能需要进行高程系的转换。

2. 空间数据库的特点

（1）数据量庞大

空间数据库面向的是地学及其相关对象，而在客观世界中它们所涉及的往往都是地球表面信息、地质信息、大气信息等极其复杂的现象和信息，所以描述这些信息的数据容量很大，容量通常达到 GB 级。

（2）具有高可访问性

空间信息系统要求具有强大的信息检索和分析能力，这是建立在空间数据库基础上的，需要高效访问大量数据。

（3）空间数据模型复杂

空间数据库存储的不是单一性质的数据，而是涵盖了几乎所有与地理相关的数据类型，这些数据类型主要可以分为 3 类：

①属性数据：与通用数据库基本一致，主要用来描述地学现象的各种属性，一般包括数字、文本、日期类型。

②图形图像数据：与通用数据库不同，空间数据库系统中大量的数据借助于图形图像来描述。

③空间关系数据：存储拓扑关系的数据，通常与图形数据是合二为一的。

（4）属性数据和空间数据联合管理

（5）应用范围广泛

2.1.3 空间数据库作用

空间数据库是作为一种应用技术而诞生和发展起来的，其目的是为了使用户能够方便灵活地查询出所需的地理空间数据，同时能够进行有关地理空间数据的插入、删除、更新等操作，为此建立了如实体、关系、数据独立性、完整性、数据操作、资源共享等一系列基本概念。空间数据不仅包括地理要素，而且还包括社会、政治、经济和文化要素。这种内容的复杂性导致了空间数据模型的复杂性。以地理空间数据存储和操作为对象的空间数据库，把被管理的数据从一维推向了二维、三维甚至更高维。由于传统数据库系统（如关系数据库系统）的数据模型主要针对简单对象，因而无法有效地支持以复杂对象（如图形、影像等）为主体的工程应用。空间数据库系统必须具备对地理对象（大多为具有复杂结构和内涵的复杂对象）进行模拟和推理的功能。一方面可将空间数据库技术视为传统数据库技术的扩充；另一方面，空间数据库突破了传统数据库理论（如将规范关系推向非规范关系），其实质性发展必然导致理论上的创新。

空间数据库是一种应用于地理空间数据处理与信息分析领域的具有工程性质的数据库，它所管理的对象主要是地理空间数据（包括几何数据和非几何数据）。图形数据库的管理比通常的非图形数据库要困难得多，利用传统数据库管理系统管理空间数据有以下几个方面的局限性：

①传统数据库系统管理的是不连续的、相关性较小的数字和字符；而地理信息数据是连续的，并且具有很强的空间相关性。

②传统数据库系统管理的实体类型较少，并且实体类型之间通常只有简单、固定的关系；而地理空间数据的实体类型繁多，实体类型之间存在着复杂的空间关系，并且还能产生新的关系（如拓扑关系）。

③传统数据库系统储存的数据通常为等长记录的原子数据；而地理空间数据通常是结构化的，其数据项可能很大，很复杂，并且变长记录。

④传统数据库系统只操纵和查询文字和数字信息；而地理空间数据库中需要有大量的空间数据操作和查询，如特征提取、影像分割、影像代数运算、拓扑和相似性查询等。

至此，我们不难解释：空间数据库系统是实现有组织地、动态地储存大量关联数据，方便多用户访问的计算机软件、硬件组成的系统；它与文件系统的重要区别是数据的充分共享、交叉访问、与应用的高度独立性。

地理空间数据库是在计算机数据库技术上发展形成的。数据库系统作为软件的一个分支，与其他基础软件有密切的关系。它几乎涉及软件的所有知识，是很多重要软件技术的综合应用。如图2.2所示。

首先数据库系统是在操作系统（Operating System，OS）支持下工作的。它和OS关系十分密切，如同两个齿轮边界并不清楚，有些工作可以由OS做，也可以由DBMS做，还可以由双方各做一部分，但合起来应是一个完整的整体。所以设计DBMS时应充分熟悉支持它的OS。另一方面OS中用到的许多技术同样可以用到DBMS中。例如，缓冲区的管理、并发控制等技术，两个系统中的处理思想是完全一样的。所以不熟悉OS，要想搞清楚数据库原理是很困难的。

数据库系统用来储存数据的外存主要是磁盘，直接关系到数据的物理组织，因此，为了能做好空间数据的管理，必须了解如何组织各种空间数据在计算器中的储存、传递和转换。这样数据结构这门课程显得格外重要。

再次是编译技术，它在数据库系统中也用得很多。数据库系统中有很多语言，例如，数据定义语言、数据操作语言、查询语言等，这些语言的编译都是数据库系统的任务。

程序设计，它是具体体现数据库系统的最基本的技术，因为数据库系统中有大量的应

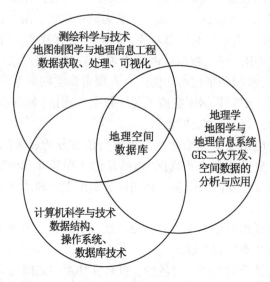

图 2.2 地理空间数据库系统与其他学科关系

用程序都是用高级语言加上数据操纵语言来编制的。没有熟练的编程技巧，这些任务很难完成。

另外离散数学、数理逻辑是关系数据库的理论基础。它们的很多概念、思想甚至名词术语都直接用到关系数据库中。还有算法分析在数据库中也是经常用到的。

最后，软件工程在设计 DBMS 时，是不可缺少的知识和技术。

空间数据库的管理对象是空间信息，从这个意义上，要了解空间实体是定位和数学表达的本质特征，必须依靠地理学和测绘科学与技术的支持。大地测量为空间数据库提供了精确定位的控制信息，尤其是全球定位系统(GPS)可快速、廉价地获取地表特征的数字位置信息。遥感与摄影测量作为空间数据采集手段，已经成为空间数据库的主要信息源与数据更新途径。对于不同的数据源获取与处理方法，空间数据更新与管理，以及为满足各种空间查询和分析需要建立各种索引机制，这些都是空间数据库与其他数据库系统的主要区别。

从地理信息系统发展过程可以看出，地理信息系统的产生、发展与计算机制图系统存在着密切的联系，两者的相同之处是基于空间信息的表达、显示和处理。地理信息系统与计算机主图的主要区别是注重空间数据的分析应用，提供空间决策支持信息，因此，地理信息系统更加强调分析工具和空间数据库间的连接。一个通用的地理信息系统可看成是许多特殊的空间分析方法与空间数据库管理系统的结合。地理空间分析和决策支持离不开地理学的知识。

近年来，随着计算机技术和激光排照技术在地图制图中广泛应用，地图的生产和制作正是由计算机辅助制图方法向全数字制图方法转变，地图生产的整个过程全部实现数学化。地图数据的收集、分析整理、储存与管理、相互转换、调度、供应、更新等一系列问题都需要数据库技术的支持。

空间数据库是各种空间信息系统的核心，所以空间数据库系统是一门综合性的软件技术，是一门很有意义、很有趣味的学问。要研究和掌握它，必须了解和掌握计算机各个方面知识，以便更加理解和认识这些知识的内在联系，并在一种观念上将它们统一起来。

2.2 空间数据模型

空间概念贯穿于我们现实社会的各个领域。空间数据模型是关于现实世界中空间实体及其相互联系的概念，是空间数据的组织和设计空间数据库模式的基础，以及进行空间信息处理和应用的基础。它不但决定了系统数据管理的有效性，而且是系统灵活性的关键。因此，对空间数据模型的认识和研究有着重要的作用。

2.2.1 传统的数据模型

1. 层次模型

层次模型是以记录类型为节点的有向树或者森林，如果把层次模型中的记录按照先上后下、先左后右的次序排列就得到了一个记录序列，成为层次序列，层次序列码能指出层次路径。按照层次路径查找记录是层次模型的实现方法之一。

2. 网络模型

网络模型主要用于网络数据库的设计，它是以记录类型为结点的网络结构，网络模型中通常用循环指针来连接网络中的节点。

3. 关系模型

关系模型是一种数学化的模型，它将数据的逻辑结构归结为满足一定条件的二维表，称为关系，一个实体由若干关系组成，而关系表的集合就构成了关系模型。

2.2.2 面向对象数据模型

面向对象数据模型是一个较新的概念。面向对象的数据库管理系统是一个基于计算机功能较完整的模型。面向对象的数据库具有编程语言的自然特征，同时还支持数据库的描述和维护。如果一种面向对象的编程语言或系统被认为是一种数据库语言或系统，那么它必须具备下面的特征。一个数据库应包括一个框架，对数据结构以及含义进行描述，这是一个重要的概念。在对数据项形式化构成有意义的数据单元时，如记录或对象，以及把这些结构组合成更为复杂的数据结构时，如列表、关系、集合、包、树等，就应该提供数据结构化的规则和体制。基本操作包括数据结构的创建、修改以及删除等。同时，还应提供功能强大的查询机制来对储存信息进行访问，这也是数据库管理系统的一个主要部分。

数据结构化的一个重要组成是如何表示数据库框架内数据项之间或数据结构之间的联系。联系实际上是有名称的结构，其自身又包含有值的子部分。联系把不相关的数据项或结构连接起来，形成一个高级的数据语义。除此之外，数据库对数据进行储存，还保证它们的连续性。连续性是数据库管理系统的一个基本要求，它表明数据在创建以后还有一个生命周期。数据创建以后继续存储在数据库中，这样它不仅可以被创建者访问，还可以被其他用户以一种同步（并发）的方式来访问。数据库中的数据及数据库管理系统的其他特征还包括数据完整性约束(对数据库中的数据项及它们之间联系的正确状态范围进行定义),数据库安全,数据库查询处理、语义和数据库视图,数据管理概念等。数据库安全提供了访问授权和验证,同时还提供了访问控制。查询处理提供了数据库的一种功能,它对数据库操作进行说明,但不需要指定如何执行该操作。如果不具备这些或其他基本的数据库系统的特征,面向对象技术就难以引入数据库。

1. 面向对象数据模型

面向对象数据库系统拓展了面向对象编程语言的基本特征。如果面向对象数据模型是完整的并且能提供商业数据库的功能,那么它就必须具备一些最基本的特征:①对象的状态变量必须被封装起来,不能直接访问;②数据库中的对象应该是用根类连续定义的,因而通过根类都是可达的;③对象实例应该能知道本身的类型,可以通过一个基本的数据库继承属性,以提供一个在查询时能返回对象类型的方法;④必须支持对象的多态性操作,并且在实习中进行动态绑定;⑤能把对象组合在一起形成集合类,这是数据库结构化和查询支持的基础;⑥应该支持对象之间的联系表示,这是数据库结构的基本组成部分;⑦对象模型应该支持多种方式的查询功能。

(1)对象表示

一个对象的任何定义都是它的逻辑表示,其目的是用来储存和管理对象实例的状态。这种表示方法由数据结构来组成,是方法唯一可以访问的资源,而方法则代表了应用程序在数据上进行的操作。数据结构由属性构成,属性可以是具体值,也可以是指向其他对象的指针(继承类)。这些继承类是确定的可标识对象,具有自己的属性和标识符,甚至可以通过其他对象来访问。这些被引用的对象使得对象描述更加完整,但是在物理上,它们并不是描述对象的一部分。虽然属性值被绑定于某个特定对象,但是它并不是与某个对象的属性完全绑定在一起。基于存取环境,一个对象既可以被引用,也可以与任何对象相连接,但是它一旦与某个对象绑定,它的值就成为绑定对象的私有值。此外,数据库中的对象还包括类组合,如集合、包、元组、数、列表以及多重集等。这些类的结构程序把相同的,相关的,或者相似的对象组合在一起,组成一个扩展结构,既可以适应查询,还可以优化储存。

(2)类的层次

类的继承性提供了代码的重用,因为通过类的继承,某个类方法的代码就可以被任何用该类作为它定义和操作的一部分的子类重用。通过类的层次性和继承属性,子类可以指定它们自己的操作方法,而把继承的操作方法作为自己操作方法的一部分。这个特性称作替代。它表明当类 T 是另一个类 t 的子类时,那么 t 的操作方法或值都被 T 中的对应部分替代了。目前面向对象数据库语言还支持可变性。可变性的意思是一个对象的类型可以通过应用程序的一个修改函数来改变其类型。由于修改函数改变了对象的类型,使得从前是相同类型的对象实例现在可能就不相同了。

(3)集合类型

集合是面向对象数据库一个重要的组成部分。集合提供了组织对象以及处理它们之间关系的途径。把相关的对象组合起来,就意味着这些对象集合合成为一种新类。具有新的属性和操作方法。集合本身也是对象,在其内部对象属性和方法的基础上也定义自己的属性和方法。集合中的对象必须与组合中定义的对象所支持类相匹配。这就是说，如果这些对象必须在集合类及其方法的基础上相互协作，那么我们就不能在同一集合中包含不同类型的对象。

一般意义上超类集合支持基数、空集、排序等特性，并且允许有重复性。基数表示集合中对象的数目，空集表示集合中没有任何对象，排序表明集合是结构化的还是非集合化的，而允许重复值是指集合中可以包含重复的对象。抽象的集合类支持所有基于集合的操作，如集合的创建和删除，对象的插入，对象的删除或替换，对象的存取，根据谓词从集合中选取某一个元素，判断一个对象中的元素是否存在，或者判断一个特定的对象是否包含某个特定的元素，以及创建一个能在集合中遍历的检索指针等。

通过这个基本的抽象集合类型，我们可以创建更为特殊的集合，如类集、包、列表、数组等。这些类型被很多面向对象数据库所支持。

类集是一个无序的集合，不允许重复的元素存在。一个类集可以使用上面提到的所有操作，而且具备集合类型的所有属性。另外，它还可以创建某种特定的集合，在集合中插入元素(不允许重复元素存在)。类集方法主要包括联合、交、差、拷贝、子集判断、真子集判断、超集判断、真超集判断等。例如，用这类操作方法，我们可以对两个点集合执行操作，生成一个新的集合，其中包括了原来两个集合中的所有元素，但是并不重复。

包是一个无序的集合类，它允许有重复的值。包在相容的集合上可以执行并、交及差等操作。例如，在空间数据模型中，把所有点都放进去。在线段的交点上，点这个集合中就有重复。

列表是一个有序的对象组合，它也允许重复值出现。列表中对象的序列由插入顺序来决定，而不是由索引或排序来决定。顺序的类型或形式可以由程序员通过操作方法在列表的某个位置进行插入、删除或替换来进行组合。

数组是面向对象数据模型和系统中常见的集合类型。数组由一组或多组长度可变的类组成。数组的大小可以被初始化或者在定位、访问时被修改。数组允许把对象以索引列表的形式进行组织和访问。在数组的某个位置上可以执行插入、删除、替换或检查索引操作。这些操作方法和数据结构允许数据库系统针对特定的对象实例造逆序的索引值，或者用作对象集合的索引。数组把位置索引作为访问指针来依次进行访问。

(4)对象联系

数据联系是指对象之间，或者属性之间，或其操作方法之间存在的可标识的，有名称的对应关系。数据库中的数据项之间的联系被认为是面向对象设计的一个重要组成分。尽管有很少的面向对象数据库系统支持信息联系——这样的支持留给单个对象的具体实现。由于把联系的说明、设计和实现都留给了单个对象，灵活性和规范性的支持就丧失了，可能得到的好处就是封装性和继承性，因为联系的实现是因具体对象而异的。对于其他数据模型来说，联系是模型中最基本的组成部分。

对象模型中的联系可以表示为各个涉及的对象名称，私有的特定属性，内部属性玉树，以及联系所涉及的对象。联系可以用两个部分来描述：联系的主题是联系对象本身。

联系可以是单向的、对称的、或者是多值的。一个单值联系或单向联系只涉及两个对象，其中一个指向另一个，而在其他方向则没有任何联系。

联系可以是堆成的，这是指一种对应的双向联系——例如，配偶联系对偶的双方都可以使用，其中任意一方的配偶都会返回另一方。在某些面向对象的系统中，双向联系才是真正的联系，而其他的都被称作特征。

多值联系在数据模型中是一种更为常见的联系。多值联系值是存在一组对象与另一对象具有相同的联系。例如，一个多边形有多个链段；一个节点连接多个链段等。

联系可以通过多种途径来实现：我们可以用集合或扩展表格来处理联系，扩展表格是指一个对象指针的列表，是一个类似的结构。例如，我们可以建立这样一个扩展表格，包括所有的节点对象实例。通过这个表格可以访问所有的学生对象实例，使得这些对象的存取和处理更加容易。我们可以用这个结构来访问相关的对象及其相关数据。这样实现的本意和联系本身都使得从一个联系可以到达另一个联系。例如，从链接的左右多边形的联系中搜索一个多边形包含多个链段的联系。

（5）对象约束

约束条件是用来帮助维护数据的完整性、正确性以及有效性。约束条件在传统编程语言类型正确的基础上提供了额外的数据库内容正确性检查。这些数据库约束条件用谓词形式来表示，描述了使用数据库状态值以及项目值之间相互联系保持正确性条件。约束条件可以是复杂的条件，也可以是针对特定应用程序。这些约束条件是针对类定义的，类中的所有元素都必须满足指定的条件才能被认为是正确的。典型的约束条件用来检查数据项的类型与数据类型说明是否匹配，或者数据项是否在一个有效的范围内。而复杂的约束条件是根据它所连接的其他对象的值来设置限制条件。这种约束条件称作参考约束。例如，一个职员的最高工资是它主管工资的三分之一，这就是参考约束条件。这是因为主管的工资必须先从对象中经过检索才能得到，然后用它来设置约束条件的有效范围。

约束条件还可以用来限制一组对象的取值或边界。这种约束条件不能简单地写入对象中，往往首先需要一个更高层的对象，使其能访问该组中所有对象。也可以是专门建立一个处理对象。它与该组中所有对象绑在一起，在使用对象操作之前由它先进行检差，只有符合约束条件才被允许执行。这种形式的约束条件由谓词和约束操作两部分组成，有时就是一个处理程序。

在面向对象的系统中，什么时间进行约束条件的检查是一个难题。如果要使约束检查不发生在约束对象的某种协调变化过程中，那么对检查时进行显示的说明是必要的。在某些面向对象的系统中，系统约束条件是作为对象的一部分来显示的定义，而在另一些系统中，约束条件是独立定义的指向其他对象的对象，当其他对象执行操作时进行约束条件检查。用这种方法独立定义的约束条件需要调用对象中的操作方法以获得检查过程中所需要的值。类似地，一旦发现违反约束条件的情况，对象中也必须包含修正错误的操作方法。

在数据库的维护和操作过程中，约束条件是一个很好的工具。只要进行属性的访问操作，约束条件就要进行检查，只有当它在更新或基于某种指定的事件时才可以不进行检查。

约束条件可以是主动的，如由数据库系统触发，也可以是被动的。主动的约束条件是在事件、时间或其他条件满足时对对象的边界进行检查，而被动约束条件只有在操作中遇到才被执行。

(6)查询处理

关系型和网络型数据模型有特殊的数据处理方法。在关系型和网络型数据库操作中，任何扩充的功能都必须来自用户自己编写的代码。这种有限的操作功能主要是由语言的结构和基本设计来完成的，同时也取决于理论上的数据存储模型和处理模型。面向对象数据库管理系统的语言支持一种无边界范围的数据处理。它们是根据系统和应用程序如何使用和表示数据来定义的。另外，这些方法可以在将来通过对象的修改和重编加以改变，以至于成为数据库管理系统的基本操作。在关系数据库或网络型数据库中就不是这种情况，在那里基本操作是不能被修改或改变的。

面对对象数据模型的查询处理需要在数据库内部增加一些机构来提高查询效率。在面向对象数据库中，数据通过对象标识（指针）的获取和移动来访问。如果不提供对象集群的方法，面向对象数据库在处理查询时，其响应时间就不能令人满意了。由于支持对象的集群或组合，形成对象集合，如类集、包、列表和数组，对象模型也可以构造类似关系模型中的那种高效率查询操作。没有这些结构，面向对象数据模型不比一个指针搜索方法更好，因为它需要遍历大量的不相关对象才能找到感兴趣的东西。

面向对象查询语言（OQLQ）是根据 SQL 关系查询语言来格式化的，对象数据处理起源于 SQL 结构，OQL 语言支持传统的 SELECT…FROM…WHERE 结构。

面向对象数据模型的查询处理还处在一个最初期的阶段，有待于进一步的完善。

2. 面向对象空间数据模型

空间数据模型是以计算机能够接受和处理的数据形式，为了反映空间实体的某些结构特性和行为功能，按一定的方案建立起来的数据逻辑组织方式，是对现实世界的抽象表达。因此，空间数据模型是有效地组织、储存、管理各类空间数据处理的基础，也是空间数据有效传输、变换和应用的基础，以抽象的形式描述系统的运行与信息流程。每一个实体的地理数据库都由一个相应的空间数据模型来定义。每一个空间数据模型以不同的空间数据抽象与表示来反映客观事物，有其不同的处理空间数据联系的方式。

空间数据模型的设计需要对客观事物有充分的了解和深入的认识，科学地、抽象概括地反映自然界和人类社会各种现象空间分布，相互联系及其动态变化。其核心是研究在计算机储存介质上如何科学、真实地描述、表达和模拟现实世界中地理实体或现象。相互关系以及分布特征。初期的系统仅仅把各种地理要素简单地抽象成点、线和面这已经远远不能满足实际需要，要想进一步拓宽应用前景，必须进一步研究它们之间的关系（空间关系）。空间关系是研究通过一定的数据模型来描述与表达具有一定位置、属性和形态的空间之间的相互关系。当我们用数字形式描述地图信息，并使系统具有特殊的空间查询、空间分析等功能时，就必须把空间关系映射成适合计算机处理的书籍结构。由此可以看出，空间数据的空间关系是空间数据库的设计和建立，以及进行有效的空间查询和空间决策分析的基础。要提高空间分析能力，就必须解决空间关系的描述与表达等问题。

2.2.3 时态 GIS 数据模型

为了能够表示时空过程，近年来，作为 GIS 研究和应用的一个领域，时态 GIS 已经得到了 GIS 界的广泛关注，人们在研究能支持时态 GIS 产品的时空数据模型。目前已有时空数据的四种组织方法。

1. 时间作为新的一维(时空立方体模型)

在概念上最直观的方法是：时间作为信息空间中的新的一维。主要有两种方式表示，其一是使用三维的地理矩阵(geographics matrix)，以位置、属性和时间分别作为矩阵的行、列和高，其二是，用四叉树表达二维格数据，八叉树表示立方体，则可用十六叉树表示 GIS 的空间—时间模型。可见，时空数据沿时间轴的冗余度极大，因为目标的空间位置和属性的变化总是局部的，不等规律的。

2. 连续快照模型

此模型在快照数据库(Snapshot Database)中仅记录当前数据状态，数据更新后，旧数据的变化值不再保留，即"忘记"了过去的状态。连续快照模型是将一系列时间片段快照保存起来，反映整个空间特征的状态，根据需要对指定时间片段的现实片段进行播放。该模型的不足之处在于，由于快照将未发生变化的时间片段的所有特征重复进行存储，会产生大量的数据冗余，当应用模型变化频繁，且数据量较大时，系统效率急剧下降。此外，连续快照模型不表达单一的时空对象，较难处理时空对象间的时态关系。

3. 基态修正法

为了避免连续快照模型将每张未发生变化部分的快照特征重复进行记录，基态修正模型按事先设定的时间间隔采样，不存储研究区域中每个状态的全部信息，只存储某个时间的数据状态(称为基态)，以及相对于基态的变化量。基态修正的每个对象只需存储一次，每变化一次，只有很小的数据量需要记录；同时，只有在事件发生或对象发生变化时才存入系统中，时态分辨率值与事件发生的时刻完全对应。基态修正模型不存储每个对象不同时间段的所有信息，只记录一个数据基态和相对于基态的变化值，提高了时态分辨率，减少了数据冗余量。毫无疑问，在基态修正法中，检索最频繁的状态作为基态(一般的用户最关注的是"现在"时，即系统最后一次更新的数据状态)。此外，目标在空间和时空上的内在联系反映不直接，会给时空分析带来困难。

张祖勋等人在 1996 年提出了一种索引基态修正法，即在采用基态修正法后，再用四叉树(或八叉树)储存基态和变化量，可达到很高的压缩效益。

4. 时空复合模型

时空复合模型将空间分隔成具有相同时空过程的最大的公共时空单元，每次时空对象的变化都将在整个空间内产生一个新的对象。对象把在整个空间内的变化部分作为它的空间属性，变化部分的历史作为它的时态属性。时空单元中的时空过程可用关系表来表达，若时空单元分裂时，用新增的元组来反映新增的空间单元，时空过程每变化一次，采用关系表中新增一列的时间段来表达，从而达到用静态的属性表表达动态的时空变化过程的目的；但在数据库中对象标识符的修改比较复杂，涉及的关系链层次很多，必须对标识符逐一进行回退修改。

2.2.4 三维空间数据模型

地理空间在本质上就是三维的。在过去的几十年里，二维制图和 GIS 的迅猛发展和广泛应用使得不同领域的人们大都无意识地接受了将三维实现世界、地理空间简化为二维投影的概念数据模型。应用的深入和实践的需要渐渐暴露出二维 GIS 简化世界和空间的缺憾，现在 GIS 的研究人员和开发者们不得不重新思考地理空间的三维本质特征及在三维空间概念数据模型下的一系列处理方法。若从三维 GIS 的角度出发考虑，地理空间应有如下不同于二维空间的三维特征：①集合坐标上增加了第三维信息，即垂向坐标信息；②垂向坐标信息的增加导致空间拓扑关系的复杂化，其中突出的一点是无论零维、一维、二维还是三维对象，在垂向上都具有复杂的空间拓扑关系；如果说二维拓扑关系是在平面上呈圆状发散伸展的话，那么三维拓扑关系则是在三维空间中呈球状向无穷维方向伸展；③三维地理空间中的三维对象还具有丰富的内部信息（如属性分布、结构形式等）。

目前随着计算机技术的飞速发展和计算机图形学理论的日趋完善，空间数据库作为一门新兴的边缘科学目前也日趋成熟，许多商品化的 GIS 软件空间数据库功能日趋完善。但是，绝大多数的商品化 GIS 软件包还只是在二维平面的基础上模拟并处理现实世界上所遇到的现象和问题，而一旦涉及处理三维问题时，往往感到力不从心，GIS 处理的与地球有关的数据，即通常所说的空间数据，从本质上说是三维连续分布的。从事关于地质、地球物理、气象、水文、采矿、地下水、灾害、污染等方面的自然现象是三维的，当这些领域的科学家试图以二维系统来描述它们时，就不能够精确地反映、分析或显示有关信息。三维 GIS 的要求与二维 GIS 相似，但是数据采集、系统维护和界面设计等方面比二维 GIS 要复杂得多。

2.2.5 空间数据模型评析

目前看来，GIS 数据模型没有明显的发展阶段，由于地理空间的复杂性，多种数据模型并存，如地理数据概念模型、地理要素概念模型、E-R 模型以及面向对象的数据模型都是 GIS 概念数据模型的实例，GIS 逻辑数据模型则包括集成模型/混合模型和地理关系数据模型等。根据国内外对于空间数据模型的相关研究，空间逻辑数据模型和空间物理数据模型。概念数据模型是地理实体和现象及其联系的抽象概念集，是地理数据的语义解释，也是逻辑数据模型的基础，用以描述现实世界的数据内容和数据结构，所以是抽象的最高层。逻辑数据模型是对概念数据模型中空间实体和现象及其关系的逻辑表达，是 GIS 对地理数据的逻辑结构表示，是数据抽象的中间层，因而逻辑数据模型的设计既要考虑用户是否容易理解，又要考虑是否在计算机中便于物理实现并易于转换成物理数据模型等问题，层次数据模型、网状模型和关系模型是比较常见的逻辑数据模型。物理数据模型是逻辑数据模型在计算机内部的具体存储形式和操作机制，可以实现对专题信息的操作，完成几何数据模型和专题、语义数据模型之间的相互关联。常见的 GIS 空间数据模型一般可分为以下几种：拓扑关系数据模型、面向实体的数据模型和面向对象的数据模型。拓扑关系数据模型以拓扑关系为基础组织和存储各个几何要素，以点、线、面间的拓扑连接关系为中心，并且各类型要素的坐标存储具有依赖关系，基本的拓扑关系包括邻接、关联、包含、几何和层次关系等。拓扑关系一般建立于同一层次中，这样便于计算机对其管理、查询、分析和处理等。面向实体数据模型以独立、完整具有地理意义的单个空间地理实体为数据组织和存储的基本单元对地理空间进行表达，每个地理空间实体都封装了若干对应的属性和操作方法，并且具有聚集、继承、联合和扩展等特性。实体模型利用实体内部的联系及实体之间的相互关系来描述空间现象或客观事物及其之间的联系。面向对象的数据模型将空间实体转化为模型对象，每一对象都有描述该对象的一组数据和对应的操作方法，可以把概念数据模型和逻辑数据模型有机地联系在一起，提供从概念数据模型到物理数据模型统一、有效的表示方法和实现机制。传统的关系模型、拓扑模型和栅格模型等都侧重于从层次上描述数据的组织结构和约束，对数据的层次关系和层次内容涉及较少，而面向对象的数据模型则克服了这一缺陷，并成为从高层次进行数据库设计的有效工具。

随着科技的发展，国内外不少学者在基于面向对象数据模型的基础上提出了许多新的数据模型，如肖乐斌等在《面向对象整体 GIS 数据模型的设计与实现》一文中提出，在概念上将地理对象作为一个个独立的实体看待，而且在内部存储上也是将它们存储，各对象表之间并不存在拓扑依赖关系。其中的线、多边形对象并不是由拓扑关系中的弧段来表示，而是直接由一系列坐标串来表示，这使得面向对象的表不再依赖弧段对象表，使得其中的元素都成为相对独立、完整的对象。整个数据库中有一个总表，内含所有空间索引表和对象集（包括简单的对象集、符合对象集、场对象集）表，一个对象集可在多个图层显示，一个图层只对应一个对象集，空间索引表内含不同对象对象集的索引块编号及对应的对象 ID 集合。还有不少学者提出了基于特征的面向对象 GIS 数据模型，该模型将面向对象中的类型象化成地理特征，而对象则与地理特征的具体实例——地理实体相对应，特征类中包含所有的空间、非空间（专题）和语义及时间信息。如符哲等根据地理实体的属性、功能、关系和动态特性等将特征在横向上分为特征属性、特征关系、特征行为和特征情节四方面内容，而在纵向上将特征又划分为几何特征类与语义特征类，每一类都含有属性、关系、行为和情节描述，并且特征对象封装了集合对象语义对象（即特征类中含有几何对象与语义对象），同时特征类派生出简单特征类和复合特征类，复合特征类又派生出聚合特征类和特征模型实例两个子类，这样就将整个地理空间以对象的形式将空间以对象的形式将空间信息、属性信息及时间信息等完整地描述出来。

不同的 GIS 系统和数据库采用的空间数据模型有所不同，但都是为了较为准确、完善、尽可能真实地表示地理现象和空间实体的形状、相似性、几何精度和属性，使空间数据库将不同空间模型的空间数据有效地组织起来，在一定程度上能够较为高效地存储和管理空间数据，并向不同用户提供准确性高、开放性强和现实性好的地理空间数据。

不同数据模型有不同的优势，拓扑关系数据模型关系明晰、结构紧凑，预先存储的拓扑关系可有效提高系统在拓扑查询和网络分析等方面的效率，并能较为方便、准确地表达地理现象，面向实体的数据模型能较好地克服拓扑关系数据模型的缺陷，不仅便于实体的查询检索、管理和空间分析，而且能够方便地构造任意的复杂地理实体，面向对象的空间数据模型则提供了丰富的数据语义，使用户对空间数据的理解提高了新的高度，同时又吸取了空间数据库中拓扑关系数据模型的思想，能有效地表达空间实体和地理对象的复杂关系。所以各个模型可以互相融合或嵌套，弥补各自的缺点，发挥各自的优势，如何将拓扑关系数据模型和面向对象模型相结合，利用面向对象丰富的语义和操作实现拓扑关系的预先存储或有效表达，进一步提高拓扑查询和分析能力，或将实体模型与面向对象技术相融合，各个实体以对象方式存储，内含各自的属相和操作，不同实体又通过面向对象数据库中的空间关系表建立之间的空间关系，不仅便于检索查询和管理空间对象，而且提高了网络分析能力，当然，还可将三者穿插结合互相弥补不足之处，这是需要进一步研究的。

【本章小结】

空间数据库是存取、管理空间信息的场所。建立数据库不仅仅是为了保存数据，扩展人的记忆，而主要是为了帮助人们去管理和控制与这些数据相关联的事物。空间数据库的主要任务是研究空间物体的计算机数据表示方法、数据模型以及计算机内的数据存储结构和建立空间索引方法，如何以最小的代价高效地存储和处理空间数据，正确维护空间数据的现实性、一致性和完整性，为用户提供现实性好、准确性高、完备、开放和易用的空间数据。

本章的内容为全书起到了承上启下的作用，介绍了空间数据库的定义，为了更好地理解什么是空间数据库，在引入空间数据库概念之前，首先阐述了什么是空间和空间数据，这些概念是需要读者深刻体会的。

空间数据库的特点区别于上一章数据库的特点，其特点有非结构化、空间关系、分类编码和海量数据等。

本章的第二节重点讲述了空间数据模型，最后对空间数据模型进行了评析，为空间数据库的设计做了铺垫。

【练习与思考题】

1. 什么是空间和空间数据？空间数据有哪些特征？
2. 什么是面向对象数据模型？
3. 简述面向对象数据模型的特点，以及它与传统数据模型的区别。
4. 空间数据库的概念及其组成部分有哪些？

第3章　空间数据库设计

【教学目标】
　　本章首先介绍空间数据库设计的含义及步骤，之后详细介绍了用户需求分析、概念结构设计，最后进行逻辑结构设计、物理结构设计等内容介绍。使学生掌握数据库设计的含义、步骤；掌握概念结构设计的内容和方法；掌握逻辑结构设计的内容和方法；了解数据库设计的原则、目的以及空间数据库的物理结构设计。通过本章的学习，会举例说明数据库设计步骤和方法，能进行空间数据库的概念结构设计，并能进行空间数据库的逻辑结构设计。

3.1　空间数据库设计概述

　　数据库设计，就是把现实世界中一定范围内存在着的应用处理和数据抽象成一个数据库的具体结构的过程。具体来讲，对于一个给定的应用环境，提供一个确定最优数据模型与处理模式的逻辑设计，以及一个确定数据库存储结构与存取方法的物理设计，建立能反映现实世界信息和信息联系，满足用户要求，能被某个 DBMS 所接受，同时能实现系统目标并有效存取数据的数据库。GIS 数据库是 GIS 系统的重要组成部分，存储着大量的空间数据。GIS 数据库设计的任务，就是经过一系列的转换，将现实世界描述为计算机世界中的空间数据模型，也就是将地理现象表示为空间数据模型和数据结构。

3.1.1　GIS 数据库设计的内容

　　空间数据库的设计，是指在现有数据库管理系统的基础上建立空间数据库的整个过程，其核心工作是将地理现实抽象成计算机能够处理的数据模型。由于人们理解地理现象的方式与计算机处理数据的方式相距甚远，直接将地理现实描述成计算机数据模型有较大困难。因此，空间数据库的设计问题，其实质是将地理空间客体以一定的组织形式在数据库系统中加以表达的过程，也就是地理信息系统中空间客体数据的模型化问题，最终建立计算机能够处理的数据模型。

　　实际的数据库设计要以用户需求分析为基础，并考虑数据库应用，因此完整的数据库系统设计可分为六个阶段(如图 3.1 所示)：用户需求分析、概念结构设计、逻辑结构设计、物理结构设计、数据库实现、运行与系统维护。

　　1. 需求分析

　　需求分析是整个过程中最基础、最困难、最耗时的一步。主要通过收集空间数据库设计涉及的用户信息内容和处理要求，并加以规格化和分析。一般采用数据流分析方法，分析结果以数据流表示。数据流图同时也可以作为由顶向下步细化时描述对象的工具。

2. 概念设计

概念设计是整个数据库设计的关键，以需求分析为基础，通过对用户需求进行综合、归纳与抽象，将需求分析转换成通用的信息结构模型，形成局部概念模式（局部视图）和全局概念模式（全局视图）。例如，可以用实体-联系模型表示。在这个抽象层次的信息系统模型被称为概念数据模型。

3. 逻辑设计

逻辑设计主要任务是把信息世界中的概念模型转换为计算机世界中受数据库管理系统所支持的数据模型，并用数据描述语言表达出来。在这一阶段，概念模型被匹配到特定的数据库管理系统（DBMS），称为逻辑数据模型，它决定数据库要素的逻辑结构。例如，如果 DBM 是关系数据模型，那么第二阶段的部分工作将是建立关系模式。

4. 物理设计

物理设计即将数据库的逻辑模型在实际的物理存储设备上加以实现，从而建立一个具有较好性能的物理数据库。该过程依赖于给定的计算机系统。这一阶段实施构造物理数据模型，它包含所有的物理实施细节。例如，数据文件如何在特定的介质上存储的细节。包括文件结构、内存和磁盘空间、访问和速度等因素。

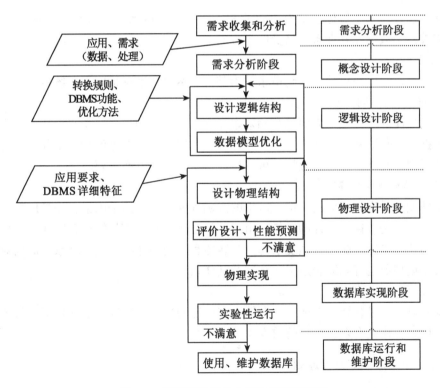

图 3.1　数据库设计的内容和步骤流程图

5. 数据库实现

数据库实现主要分为建立实际的数据库结构、装入试验数据对应用程序进行测试、装入实际数据建立实际数据库三个步骤。

这不是瀑布模型,每一步都可以有反馈。以上各步不仅有反馈、有反复,还有并行处理。另外,在数据库的设计过程中还包括一些其他设计,如数据库的安全性、完整性、一致性和可恢复性等方面的设计。不过,这些设计总是以牺牲效率为代价的,设计人员的任务就是要在效率和尽可能多的功能之间进行合理的权衡。

6. 数据库运行与维护

空间数据库系统经过试运行后即可投入正式运行。在其运行过程中必须不断地进行评价、调整与修改。

设计一个完善的空间数据库应用系统是不可能一蹴而就的,往往是上述六个阶段的不断重复。该过程既是空间数据库设计的过程,也包括了应用系统的设计过程。在设计过程中把空间数据库的设计和对空间数据库中空间数据处理的设计紧密结合起来,将这两个方面的需求分析、抽象、设计、实现在各个阶段同时进行,相互参照,相互补充,以完善两方面的设计。

3.1.2 空间数据库设计目标

数据库设计的基本目标主要有满足用户需求,良好的数据库性能,准确模拟现实世界,能够被某个数据库管理系统接受四个方面。

1. 满足用户需求

数据库设计应以用户需求和约束条件为基础,尽可能准确地定义系统的需求。

2. 良好的数据库性能

数据库性能的两个基本方面是存储效率和存取效率。即尽量减少冗余数据、有利于快速访问数据。但是这两个方面的要求是有冲突的,实际的数据库设计方案往往是这两个方面性能的折中。此外,还有适应性、可移植性、安全性等方面的要求。

3. 准确模拟现实世界

数据模型是对现实世界的模拟,模拟的准确程度取决于两个因素:一是所采用的数据模型的性质,二是数据库设计的质量。由于空间客体具有复杂的结构,因此要求数据模型具有丰富的建模构造,能够表达复杂的空间客体和空间客体间的复杂联系。面向对象数据模型比关系模型更能有效地表达空间客体及其联系。

4. 能够被某个数据库管理系统接受

数据库设计的最终结果是建立一个能够在选定的数据库管理系统支持下运行的数据模型和处理模型,建立有效、可用的数据库。

3.1.3 空间数据库设计原则

随着空间信息技术的发展,空间数据库所能表达的空间对象日益复杂,用户功能日益集成化,从而对空间数据库的设计提出了更高的要求。许多早期的空间数据库设计着重强调的是数据库的物理实现,注重于数据记录的存储和存取方法。而现在,要求空间数据库设计者能根据用户要求、当前的经济技术条件和已有的软、硬件实践经验,选择行之有效的设计方法与技术等。目前,对空间数据库的设计已提出许多准则,其中包括:

1. 空间数据库设计与应用系统设计相结合的原则

空间数据库设计应该和应用系统设计相结合。即整个设计过程中要将空间数据库结构设计和对数据的处理设计紧密结合起来,并将此作为空间数据库设计的重要原则。

2. 数据独立性原则

数据独立性分为数据的物理独立性和数据的逻辑独立性。

数据的物理独立性是指数据的存取与程序分离,这样可以保证数据存储结构与存取方法的改变不必要求修改程序。使初步数据共享成为可能,只要知道数据存取结构,不同程序可共用同一数据文件。

数据的逻辑独立性是指数据的使用与数据的逻辑结构相分离,通过建立对数据逻辑结构即数据之间联系关系的描述文件、应用程序服务等方法实现。这样可以保证当全局数据逻辑结构改变时,不一定要求修改程序,程序对数据使用的改变也不一定要求修改全局数据结构,使进一步实现深层次数据共享成为可能。

3. 共享度高、冗余度低原则

在设计空间数据库时,要充分考虑"数据库从整体角度看待和描述数据"这一特点,即数据不再面向某一个应用而是面向整个系统,因此数据可以被多个用户、多个应用共享使用(即用最优的方式服务于一个或多个应用程序)。同时,数据共享还能够避免数据之间的不相容与不一致。

数据共享可以大大减少数据冗余,节约存储空间。因为同一系统包含大量重复数据,不但浪费大量存储空间,还有潜在不一致的危险,即同一记录在不同文件中可能不一样(如修改某个文件中某个数据而没有在另外的文件中作相应的修改)。所以,在数据库中数据共享,减少了由于数据冗余造成的数据不一致现象。

但是,有时为了某种需要(如缩短访问时间或简化寻址方法),系统也需要一定量的冗余数据。所以,在设计数据库时,要遵守最小冗余度原则(即数据尽可能不重复),而不能要求消除一切冗余数据。

4. 用户与系统的接口简单性原则

用户与系统的接口简单,可以及时满足用户访问空间数据的需求,并能高效地提供用户所需的空间数据查询结果。同时,能满足用户容易掌握、方便使用系统,使其能更有效地通过非过程化的 SQL 语句查询、更新、管理系统。

5. 系统可靠性、安全性与完整性原则

一个数据库系统的可靠性体现在它的软、硬件故障率小,运行可靠,出故障时能迅速恢复到可用状态。

数据的安全性是指系统对数据的保护能力,防止非法使用造成数据泄密和破坏。即对数据进行控制,使用户按系统规定的规则访问数据,防止数据有意或无意地泄露。

完整性是指数据的正确性、有效性和相容性。完整性检查将数据控制在有效的范围内,或保证数据之间满足一定的关系。通常设置各种完整约束条件来解决这一问题。

6. 系统具有重新组织、可修改与可扩充性原则

系统为了适应数据访问率的变化，提高系统性能，改善数据组织的零乱和时空性能差，需要改变文件的结构或物理布局，即改变数据的存储结构或移动它们在数据库中的存储位置，这种改变称为数据的重新组织。一般通过数据库系统自动完成该任务。

要充分考虑到一个数据库通常不是一次性建立起来的，而是通过分期、分批逐步建立起来的。因此，整个系统在结构和组织技术应该是容易修改和扩充的，即设计数据库时要考虑与未来应用接口的问题，以防将来系统有所变化而使整个数据库设计推倒重来或使已经建成的数据库系统不能正常工作。当然，修改和扩充后的系统，不必修改或重写原有的应用程序，也不应影响所有用户的使用。

总之，设计的系统应该是弹性较大、容易扩充、有较强的适应性、能不断满足新的需求。

3.2 用户需求分析

需求来源于用户的需要，这些需要被汇总、分类、评估、筛选和确认后，形成完整的文档，详细地说明了项目必须或应当做什么，这个过程叫做用户需求分析。用户需求仅仅是用户需要的一个子集，往往是用户需要的一小部分。通过需求分析，系统开发人员掌握组织和用户的基本需要，为项目设定目标和范围。不进行需求分析，就难以了解用户需求，也就无法确定项目是什么，应该做什么。对于用户需求的理解、把握和管理，不仅对于项目立项、项目规划和系统设计至关重要，还影响到系统的实施与变更是否顺利和成功。

需求分析的主要参与者是系统分析员和用户。系统分析员希望通过需求分析，认识、理解和掌握组织与用户的基本需要；而用户是希望通过项目实施引进技术，从而达到自己的目的。

3.2.1 需求分析的任务和方法

需求分析是整个空间数据库设计与建立的基础，是一项技术性很强的工作，应该由有经验的专业技术人员完成，同时用户的积极参与也十分重要。空间数据需求分析主要包括用户基本需求调研、需求数据的收集和分析、编制用户需求报告三个方面的内容，每个方面又包含具体的工作。

1. 用户基本需求调研

用户需求调研在空间数据需求分析中具有重要地位，其任务是了解用户特点和要求，取得设计者与用户对需求的一致看法。主要工作内容为：①了解用户业务的真实情况，包括用户的组织结构、业务流程、业务数据和数据间的关系等；②了解数据的性质、获取途径、使用范围、使用频度；③重点了解用户对数据的处理要求、处理方法；④了解数据库和GIS的整体要求和蓝图。

在开展用户基本需求分析调研之前，应事先将各种问题以表格、问卷或其他书面形式写出来，以备更好地与用户进行讨论交流，在调研过程中应注意几个方面：①避免不必要

的细节，着重了解预定的内容；②整个访谈应由 GIS 专业技术人员掌握，控制进度，保持良好的访谈气氛；③尽可能在对方工作的地方进行，以便对方可以随时提供必要的资料和过程；⑤让对方告知轻重次序，以便于在实施过程中决定执行次序；⑤注意负面意见，但不要急于作答；⑥对于自己不熟悉的领域可以使用录音机、录相、照相等。

2. 需求数据的收集和分析

需求数据的收集和分析包括信息需求(信息内容、特征、需要存储的数据)信息加工处理要求(如响应时间)完整性与安全性要求等。

3. 编制用户需求报告

业务调查是了解用户业务的第一步，在这个调查中与用户共同确定描述组织机构的系统/功能分解树及业务流程的事件流程图。根据需求收集和分析结果，得到数据字典描述的数据需求和数据流图描述的处理需求。最后，将多次讨论的问题整理成一份详尽的"用户需求报告"，该报告中包括需求分析的目标、任务、具体需求说明、系统功能与性能、运行环境等，是需求分析的最终成果。同时，在需求分析阶段完成数据源的选择和对各种数据集的评价。

(1) 数据源的选择

一个实用 GIS 系统的开发，其数据库开发的造价占整个系统造价的 70% ~ 80%，所以数据库内数据源的选择对整个系统格外重要。数据来源有：地图、遥感影像、GPS 数据及已有数据。

(2) 对各种数据集的评价

GIS 数据来源有多种，质量不同，需要评价。从以下三个方面进行：

①数据的一般评价。数据是否为电子版、是否为标准形式、是否可直接被 GIS 使用、是否为原始数据、是否为可替代数据、是否与其他数据一致(区域范围、比例尺、投影方式、坐标系等)。

②数据的空间特性。包括空间特征的表示形式是否一致(如 GPS 点、大地控制测量点等)。空间地理数据的系列性(不同地区信息的衔接、边界匹配问题等)。

③属性数据特征的评价。包括属性数据的存在性、属性数据与空间位置的匹配性、属性数据的编辑系统及属性数据的现势性等。

3.2.2 数据流图和数据字典

空间数据库需求分析过程必须借助一定的方法和工具，通常使用数据流图和数据字典加以描述。下面就空间数据需求分析中常用的数据流图和数据字典分别加以介绍。

1. 数据流图

数据流图 DFD 是 SA(Structured Analysis)方法中用于表示系统逻辑模型的一种重要工具。它以图形的方式描绘数据在系统中流动和处理的过程。它的作用有两点：一是它给出了系统整体的概念；二是它划分了系统的边界。数据流程图描述了数据流动、存储、处理的逻辑关系，也称为逻辑数据流程图。

GIS 数据流图包括加工、外部实体、数据流、数据存储文件及基本成分备注，如表 3.1 所示。

表3.1 数据流图的基本组成

基本成分	名称	备注
⬭	加工	输入数据在此进行交换产生输出数据，要注明加工名字
▭	外部实体	数据输入的源点或数据输出的汇点，要注明源点或汇点的名字
→	数据流	被加工的数据与流向，应给出数据流名字，可用名词或动词性短语命名
↙↘ 或 | 标识 | 名称 |	数据存储文件	需要名词或名词性短语命名

2. 数据字典

数据字典(Data Dictionary, DD)是用来定义数据流图中的各个成分的具体含义，是关于数据信息的集合。它是数据流图中所有要素严格定义的场所，用于描述数据库的整体结构、数据内容和定义等。

数据字典的内容包括：

(1)数据库的总体组织结构、数据库总体设计的框架

(2)各数据层详细内容的定义及结构、数据命名的定义

(3)元数据(有关数据的数据，是对一个数据集的内容、质量条件及操作过程等的描述)

数据字典最重要的用途是作为分析阶段的工具。在数据字典中建立严格一致的定义有助于增进分析员和用户之间的交流，从而避免许多误解的发生。数据字典也有助于增进不同开发人员或不同开发小组之间的交流。同样，将数据流图和数据流图中的每个要素的精确定义放在一起，就构成了系统的、完整的系统规格说明。数据字典和数据流图一起构成信息系统的逻辑模型。没有数据字典，数据就不严格；没有数据流图，数据字典也没有作用。

在先前需求调研报告的基础上，借助数据流图和数据字典可以形象、准确地分析、描述用户的空间数据需求。在这个过程中形成的各种图表和文字，可作为整个信息系统(如GIS)需求分析说明书最终成果的一部分。

3.3 概念结构设计

概念结构设计，是对用户信息需求的综合分析、归纳，形成一个不依赖于空间数据库

管理系统的信息结构设计。它是从用户的角度对现实世界的一种信息描述，因而它不依赖于任何空间数据库软件和硬件环境。由于概念模型是一种信息结构，所以它由现实世界的基本元素以及这些元素之间的联系信息所组成。

概念模型是对现实世界抽象产生的通用信息模型，独立于系统实现的细节。概念模型是系统设计者和用户之间对系统的认识进行沟通的有效手段。概念模型的设计应满足下述要求：

①提供一个便于非专家理解的系统结构框架。
②包含丰富的结构类型，能够尽可能完整地描述系统的复杂性。
③能够转换成与实施相关的模型(例如逻辑和物理数据模型)，以便能够设计和实施系统。

概念设计是逻辑设计和物理设计的基础，应该重视概念设计工作。

3.3.1 概念结构设计的一般步骤和方法

概念设计的核心内容是确定数据库的数据组成、数据类型之间的关系、建立概念数据模型，并在此基础上形成书面文档。

概念设计可以按下列步骤展开。

(1) 确定应用领域

数据库设计必须有明确的应用领域，以便于确定系统边界。应用领域越明确、越狭窄，相应的模型就越简单。大多数数据设计都有明确的应用领域，例如，土地利用管理等。如果数据库将要包含多个领域的应用，应该对各个应用领域分开进行分析处理。

(2) 确定用户需求

每个应用领域都有特定的用户需求，例如，完成某项任务、生产某种产品等，这些需求的实现都建立在相应的数据基础之上。例如，土地利用审批、规划、监察，都以特定的数据为依据，并产生相应的数据输出，例如，宗地图、土地利用现状图、土地利用规划图等。

(3) 选择对象类型

每个用户需求识别了多个对象类型及其属性，只有相关的数据应该录入数据库，而且对象类型的数量应该受到限制。这时就要求建立客观的标准来决定数据库应包含哪些对象。这里，成本—收益分析是一个有效手段。不过，在数据库规模较小的情况下不存在选择对象类型的问题，需求分析确认的数据类型都可以纳入数据库模型，允许录入数据库。

(4) 对象类型定义和属性描述

对选取的对象类型进行定义，并描述其属性。具体包括指定名称、下定义，并描述其属性。属性是对象的描述。每个属性有一个名称和一个允许的取值范围。下面以道路对象来说明。

①对象类型：道路。
②定义：所有汽车可以通行的道路，但不包括长度小于 50m 的道路。
③属性：道路承载量。

④允许的取值范围：最小为0t(吨)，最大为20t(吨)。

(5)对象类型的调整

当对象类型较多时，对象类型的划分及其定义难免有矛盾和冲突之处，这就需要进行协调。对象类型调整后，其属性也应进行相应的调整。对象的所有属性应该归纳在一起，分别指定允许的取值范围。

(6)几何表示

确定对象的几何表示类型，以及使用哪些基本几何要素。原则上，数据库的应用领域决定了对象的几何如何表示。不过，成本和更新等因素也有影响。在实践中，通常是两者选一。

①矢量表示：点、线、面。

②栅格表示。

(7)关系

定义对象之间的。可能的关系包括以下三种。

①对象的组成关系。例如，省由县组成、县由镇组成，等等。

②对象之间的继承关系。例如，在已有的水体对象基础上，可以有继承产生的河流、湖泊等对象。

③对象之间的拓扑关系。例如，某个地址与某条街道关联，某个阀门位于某条管道上，某个建筑物位于某个宗地上，某两个宗地彼此相邻，等等。

有些关系(例如，拓扑关系)可以通过计算得到，而有些只能作为属性录入。

根据用户需求进一步分析各种关系，决定将哪些关系描述和表示在数据库中。不使用的关系不需要描述在数据库中。

(8)质量

确定数据的质量标准，主要内容包括：空间位置精度、属性精度、空间分辨率、空间数据和属性数据连接的一致性、现势性、内容完整性和空间范围上的覆盖率。

(9)编键

编制几何对象类型名称的编键列表，并设计联系几何和属性的标识符。

完成上述步骤(1)~(9)，产生一个对象目录，包含将进入数据库的所有对象的描述和代键。

对于概念模型来说，有许多可用的设计工具，比较流行的建模工具有B-R模型(实体—联系模型)和统一建模语言(UML)模型。

3.3.2 E-R模型设计

1. E-R模型

实体—联系模型简称E-R模型，是概念模型设计最有力的工具，也是使用最广泛的概念设计方法。E-R模型包含三个基本成分，即实体、联系和属性。概念设计的结果可以用E-R模型进行直观的描述和表达。

(1)实体

客观存在并可相互区别的事物称为实体。实体有广义和狭义的两种理解。广义的实体是指现实世界中客观存在的，并可相互区别的事物。实体可以指个体，也可以指总体，即个体的集合。例如，一条道路是一个实体，多条道路也可看做一个道路实体；狭义的实体是指现实生活中的地理特征和地理现象，可根据各自的特征加以区分。实体的特征至少有空间位置参考信息和非空间位置信息两个组成部分。空间特征描述实体的位置、形状，在模型中表现为一组几何实体；非空间特征描述的是实体的名字、长度等与空间位置无关的属性。

实体类型是对实体的抽象，表示一类相似的对象的集合。同一实体类型具有相同属性，也具有共同的特征和性质。同类型实体的集合称为实体集。识别实体类型是建立E-R模型的起点。例如，如果我们要设计一个土地利用数据库，我们会首先识别出各种土地利用要素，包括行政区划、权属区、地形、土地利用、道路、河流、湖泊，等等。这些土地利用要素实际上是一些实体的集合，即实体类型。上述例子中，提到的一些实体类型可描述为城镇、行政村、高程点、图斑、道路、河流，等等。实体类型是实体的抽象，而不是具体的某个实体。也就是说，实体类型不同于实体类型的实例。例如，对于城镇实体类型，可能有盐步镇、沙头镇、九江镇等城镇类型的实例。但是，为了叙述的方便，我们下面不再用类型和实体的术语加以区分，统称为实体。

(2) 属性

属性(Attribute)是用来描述实体性质，并通过联系互相关联。实体是物理上或者概念上独立存在的事物或对象。唯一标识实体的属性集称为键。属性的取值范围称为该属性的域。

实体由属性来刻画性质。例如，城镇实体可以有名称、编号、人口数、几何中心等属性，道路实体有道路名称、编号、类型、起点、终点、道路中心线、长度等属性；表示城镇实体与道路实体之间相互关系的有长度、空间关系等属性，长度属性记录穿过城镇的道路长度，空间关系属性记录道路从市中心穿过还是从外围绕过。

(3) 联系

联系指实体之间相互关系的抽象表示。客观事物联系可概括成两种：实体内部各属性之间的联系，反映在数据上是记录内部联系；实体之间的联系，反映在数据上则是记录之间的联系。实体之间通过联系相互作用和关联，假设有两个均包含有若干个体的实体A和实体B，其间建立了某种联系。可将联系方式分为一对一(1∶1)的联系；一对多(1∶N)的联系；多对多(M∶N)的联系。

①一对一(1∶1)。如果对于实体集A中的每一个实体，实体集B中至多有一个(也可以没有)实体与之联系，反之亦然，则称实体集A与实体B集具有一对一联系，记为1∶1，如图3.2(a)所示。例如，实体省和省会之间的联系就是一个一对一的联系，即一个省只能有一个省会城市，而一个省会城市只能属于一个省。

②一对多(1∶N)。如果对于实体集A中的每一个实体，实体集B中有n个实体(n≥0)与之联系，反之，对于实体集B中的每一个实体，实体集A中至多只有一个实体与之联系，则称实体A与实体B有一对多联系，记为1∶N，如图3.2(b)所示。行政区域就是一对多的联系，一个省对应有多个县，一个县有多个镇，一个镇有多个村。

③多对多(M∶N)。如果对于实体集 A 中的每一个实体,实体集 B 中有 N 个实体(N≥0)与之联系,反之,对于实体集 B 中的每一个实体,实体集 A 中也有 M 个实体(M≥0)与之联系,则称实体集 A 与实体集 B 具有多对多联系,记为 M∶N,如图 3.2(c)所示。空间实体中的多对多联系是很多的,例如土壤类型与种植的作物之间有多对多的联系,同一种土壤类型与可以种植不同的作物,同一作物又可种植在不同的土壤类型上。

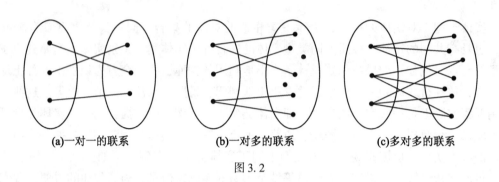

图 3.2

2. 实体、属性和联系的设计

E-R 模型是一种概念简单、易于接受的概念模型。E-R 模型将现实世界理解为由许多实体组成的有机体,模型重点关注实体及其相互关系,实体则通过实体属性表达实质内容,是一种面向实体属性及其相互关系的模型。实体、联系、属性是 E-R 模型的三个基本成分。基于这样三个成分的识别,可以构造初步的 E-R 模型,并用 E-R 图表示。E-R 图为概念模型提供了图形化的表示方法,E-R 图直观地表示模式的内部联系。E-R 图主要由实体、属性、联系和关联的基数组成。实体用矩形框表示,框中有实体名;属性表示为椭圆,椭圆框中含有属性名,并用直线与表示实体的矩形相连;联系则表示为菱形。联系的基数(包括 1∶1、1∶M 或 M∶N)标注在菱形的旁边。键的属性加下画线,而多值属性用双椭圆表示。具体内容如表 3.2 所示,假定上述例子中只包含城镇和道路两个实体,其E-R 模型可表示为图 3.3。

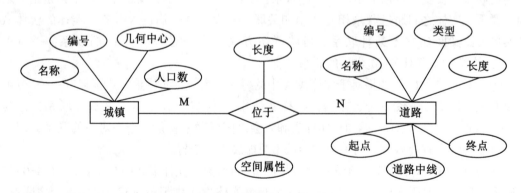

图 3.3 简单的 E-R 模型图

表 3.2　　　　　　　　　　　E-R 图中的主要构件

构件		说明
矩形	▭	表示实体集
双边矩形	▭	表示弱实体集
菱形	◇	表示联系集
双边菱形	◇	表示弱实体对应的标识性联系
椭圆	○	表示属性
线段	——	将属性与相关的实体集连接，或将实体集与联系集相连
双椭圆	◎	表示多值属性
虚椭圆	⋯	表示派生属性
双线	═══	表示一个实体全部参与到联系集中

3.3.3　E-R 模型设计方法与步骤

1. 设计方法

设计概念结构的 E-R 模型可采用四种方法：

(1) 自顶向下

先定义全局概念结构 E-R 模型的框架，再逐步细化。

(2) 自底向上

先定义各局部应用的概念结构 E-R 模型，然后将它们集成，得到全局概念结构 E-R 模型(见图 3.4)。

(3) 逐步扩张

先定义最重要的核心概念 E-R 模型，然后向外扩充，以滚雪球的方式逐步生成其他概念结构 E-R 模型。

(4) 混合策略

该方法采用自顶向下和自底向上相结合的方法，先自顶向下定义全局框架，再以它为骨架集成自底向上方法中设计的各个局部概念结构。

最常用的方法是自底向上。即自顶向下地进行需求分析，再自底向上地设计概念结构。

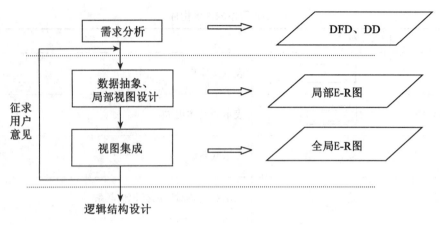

图 3.4　自底向上方法的设计步骤

2. 设计步骤

采用 E-R 模型进行数据库的概念设计可以分为以下 3 个步骤。

(1) 设计局部的 E-R 模型

首先要根据需求分析得到的结果(数据流图、数据字典等)对现实世界进行抽象,设计各个局部 E-R 模型。设计局部 E-R 模型的关键就是正确划分实体和属性。定义局部范围内的实体、联系和属性,形成局部的 E-R 模型。首先确定实体,然后确定联系,最后确定实体与联系的属性。

(2) 设计全局的 E-R 模型

这一步骤是将所有局部的 ER 模型合并成一个全局的 E-R 模型。其基本过程是两两合并,直到所有的局部 E-R 模型被合并到一个完整的全局 E-R 模型。在合并过程中,两个模型之间可能存在冲突,需要识别、消除冲突。三类基本的冲突是命名冲突、属性冲突和结构冲突。命名冲突,包括实体类型名、联系类型名之间异名同义,或异义同名等。属性冲突,包括数据类型、数据长度、取值范围、度量单位等方面的不一致。结构冲突包括三种情况:①不同局部 E-R 模型中同一实体类型的属性个数不同或排列顺序不同;②同一联系在不同的局部模型中采用了不同的类型,例如,在一个模型中是一对多、在另一个模型则表示为多对多类型;③同一客体在两个模型中具有不同的抽象,例如,在一个模型中表示为实体,在另一个模型中表示为属性。在合并过程中,需要对 E-R 模型进行各种操作,例如,实体的分裂和合并,联系的分裂和合并,实体和联系的增加、删除,实体和属性的转位等。

(3) 全局 E-R 模型的优化

一个好的全局 E-R 模型除能正确刻画现实世界之外,还应满足下列条件:实体类型个数尽可能少,实体类型间联系无冗余,实体类型包含的属性尽可能少以达到这三个要求。全局 E-R 模型的优化就是通过消除冗余实体、冗余联系和冗余属性以达到这三个要求。

3. E-R 模型设计实例

根据城市地价与土地集约利用数据库对数据的要求,进行了 E-R 模型的设计与构建(见图 3.5)。首先抽象数据实体类型或实体集,并确定各自的属性类型。

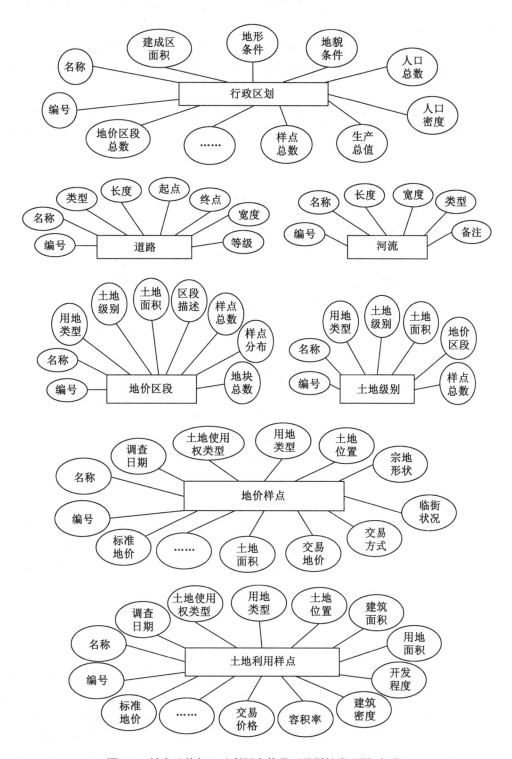

图 3.5 城市地价与土地利用实体类型及属性类型图(部分)

在现实世界中，事物内部以及事物之间是有联系的，这些联系在信息世界中反映为实体内部的联系和实体之间的联系。实体之间的联系可以分为多种类型，包括为一对一、一对多和多对多三种情况。根据实体之间的关系，建立实体—联系模型，在 E-R 图中，这三类联系用数字或字母加以区分，即在联系线的两端用数字或字母(1、m、n)表示联系的数量关系。

根据城市地价与土地集约利用实体之间的关系，建立实体—联系模型，见图 3.6。由于以上实体具有空间特性，它们之间的联系多表现为空间关系，包括"相邻"、"相离"、"相交"、"包含"、"重合"等。

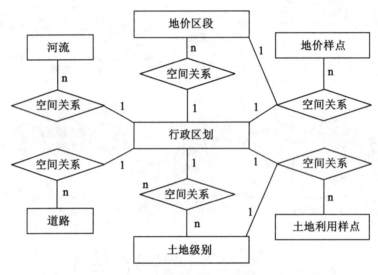

图 3.6　实体联系图(局部)

E-R 模型是数据库概念设计中最广泛使用的建模工具。它基于实体、联系、属性等简单有力的概念，便于非专家理解。同时，E-R 模型也容易转换成逻辑模型，能够方便地映射到关系模式。不过 E-R 模型也有不足之处，主要是缺少足够强力的建模构造。正因为如此，在 E-R 模型基础上又发展了实体—联系扩展模型，提供了更丰富的建模构造，弥补 E-R 模型结构类型方面的缺陷。但是，建模能力扩展使其部分地丧失了 E-R 模型自然、简单的优点。

3.3.4　空间 E-R 模型

由于 E-R 模型强调实体属性，忽略实体的空间特性，所以只能通过属性表达实体的简单空间特性，如实体的中心坐标、具有空间含义的编键或名称等；而对于复杂的空间特性，如实体的空间分布、形状、空间关系(如相对方位、相互距离、重叠和分离程度)等，则难以表达。GIS 是强调空间特性及其表达的信息系统，因此必须研究具有强大的空间表达能力来表达现实世界的空间数据抽象模型，以及面向计算机的空间数据组织模型。根据空间数据的空间特性对基本 ER 方法和扩展 ER 方法进行改进，这种方法便称之为空间 E-

R方法，最初由Calkins提出，在GTS中具有较成功的应用。下面介绍空间E-R方法。

1. 空间实体及其表达

空间数据描述的实体(空间实体)与一般实体不同之处是它具有宅间特性，即它除了作为一般实体的普通属性外，还具有不同于一般实体的空间属性。空间属性一般用点、线、面或Grid-cell、Tin、Image像元表示。

Calkins定义了三种空间实体关系：有空间属性对应的一般实体；有空间属性对应的需用多种空间尺度(类型)表达的实体，如道路在一些GIS中既表达为线，又表达为面；有空间属性对应的需表达多时段的实体，如10年的土地利用。在基本E-R方法中或一般扩展E-R方法中，用矩形表达实体，只能描述和表达地理实体的一个层面，即只能表达物理/概念实体或只能表达空间实体。Calkins在1996年将物理/概念实体名称和空间实体类型同时表达在一个特定的矩形框中，对上面三种空间实体分别用单个特定矩形框、两个交叠的特定矩形框，三个重叠的特定矩形框表示。基本E-R方法与空间E-R方法比较见表3.3。

表3.3　　　　　　　　　基本E-R方法和空间E-R方法比较

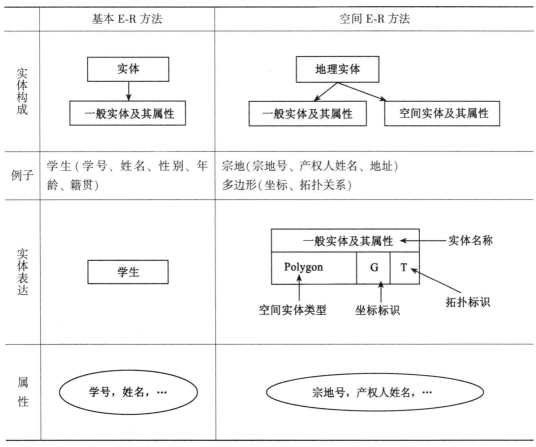

续表

	基本 E-R 方法	空间 E-R 方法
实体类型	一般实体(无空间实体对应)	一般实体(与空间实体对应)
		多空间尺度/类型表达的空间实体
		多时段表达的空间实体
实体关系		一般关系(拥有、参与)
		拓扑关系(连通、相邻、包含)
		由空间操作导出的关系(临近、交叠、跨越、空间一致性)

2. 空间实体的关系及其表达

与空间实体一样，空间实体间的关系也具有双重性，既具有一般实体间的关系，如拥有/属于关系，父、子关系等，也具有空间实体所特有的关系，如拓扑关系（包括点与点的相离、相等，点与线的相离、相接、包含于，面与面的分离、交叠、相接、包含、包含于、相等、覆盖、被覆盖等）。Calkins 把空间实体间的关系归纳为三类：①一般关系（一般数据库均具有）；②拓扑关系（相邻、联结、包含）；③空间操作导出的关系（邻近、交叠、空间位置的一致性），并分别用菱形、六边形、双线六边形表示。

图 3.7 是用空间 E-R 方法建立 GIS 支持下的海洋渔业数据库中的渔政管理 E-R 图的实例。图中矩形框代表的是实体，如"渔业公司"、"渔政局"、"渔船"、"共管区"等，其中，普通矩形框代表的是一般实体，如"渔业公司"；带有空间实体类型、坐标和拓扑关系的是空间实体，如"共管区"实体，该空间实体的空间实体类型是多边形，G 存放的是该实体空间坐标，T 存放的是该实体的拓扑关系。图中的菱形框、六边形框和双线六边形框是表示实体间的关系，其中，菱形代表实体间的一般关系，如"管理"。

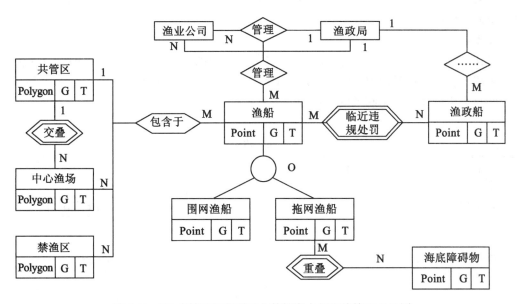

图 3.7　GIS 支持下的海洋渔业数据库中的渔政管理 E-R 图

六边形代表的是空间实体间的拓扑关系，如"包含于"；双线六边形代表空间操作导出的关系，如"重叠"。

3.3.5　UML 模型

1. UML 模型概述

E-R 模型是使用最广泛的概念设计方法，但是 E-R 图的一个不足之处是它们的表现形式会被设计方法左右。现今，大部分面向对象的建模者已经开始采用统一建模语言（UML），UML 是一种用来表达对象模型的标准表示方法。UML 模型是另一个流行的概念建模工具,是用于面向对象软件设计的概念层建模的新兴标准之一。它是一种综合型语言,用于在概念层对结构化模式和动态行为进行建模。UML 标准由三部分组成,即:构造块(如对象、类、消息),构造块间的关系(如关联、泛化)和图(如活动图)。

UML 是一种通用的可视化建模语言,用于对软件进行描述、可视化处理理解、构造和建立软件制品的文档。作为一种建模语言,UML 的定义包括 UML 语义和 UML 表示法两个部分。

(1) UML 语义

描述基于 UML 的精确元模型定义。元模型为 UML 的所有元素在语法和语义上提供了简单、一致、通用的定义性说明,使开发者能在语义上取得一致,消除了因人而异的最佳表达方法所造成的影响。

(2) UML 表示法

定义 UML 符号的表示法,为开发者或开发工具使用这些图形符号和文本语法和为系统建模提供了标准。这些图形符号和文字所表达的是应用级的模型,在语义上它是 UML,元模型的实例。UML 包含六类图:用例图、静态图、对象图、行为图、交互图和实现图。这里我们采用静态图中的类图。

2. UML 类图

UML 类图描述系统中类的静态结构。定义系统中的类,不仅表示类之间的联系如关联、依赖等,也包括类的内部结构(类的属性和操作)。类图描述的是一种静态关系,在系统的整个生命周期都是有效的,如表 3.4 所示。

表 3.4　　　　　　　　　　　**UML 类图表示法**

关系		说明	表示法
关联	普通关联	类与类之间连接描述	示例类A —— 示例类B
	递归关联	类与它本身之间的关联关系	示例类A *—* 自相关
	限定关联	使用限定词将关联中多的那一端具体对象分成对象集	示例类A 限定条件 限定关联 示例类B
	关联类	与一个关联关系相连的类	关联类 示例类A --- 示例类B
	聚合	表明类与类之间的关系具有整体与部分的特点	示例类A ◇—— 0..* 示例类B
	组成	在聚合关系中,构成整体的部分类,完全隶属于整体类	示例类A ◆—— 0..* 示例类B

续表

关系	说明	表示法
通用化	一个类的所有信息被另一个类继承，继承某个类的类中不仅可以有属于自己的信息，而且还拥有了被继承类中的信息，这种机制就是通用化，通用化也称继承	示例类A ↑ 示例类B
实现	对同一事物的两种描述建立在不同的抽象层上，体现说明和实现之间的关系	示例类A ◁---- 示例类B
依赖	两个模型元素间的关系	示例类A ←---- 示例类B

需要注意的是，虽然在系统设计的不同阶段都使用类图，但这些类图表示了不同层次的抽象。在概念抽象阶段，类图描述研究领域的概念；在设计阶段，类图描述类与类之间的接口；而在实现阶段，类图描述软件系统中类的实现。类图的三种层次和模型中的概念模型、逻辑模型和物理模型相对应。

3. UML 模型设计

本部分以城市地价与土地集约利用数据库建立为例进行 UML 模型设计，根据本数据库对数据的要求，首先进行 UML 数据模型的设计中不同类型的类的设计。对象类（Object Class）对应于 Geodatabase 中的一个二维表，并在表中有一个只读的 OBJECTID 标识符；要素类（Feature Class）是一种特殊化的对象，在 Geodatabase 中也对应于一个表，并且在表中有一用于存储几何对象的列，它也可以和值域和子类相关联；抽象类（Abstract Class）在 Geodatabase 中并不对应任何表，它的属性和操作由其子类所继承，这种技术减少了类图中的多余的元素。

(1) 关系类型的设计

在现实世界中，事物内部以及事物之间是有联系的，这些联系在信息世界中反映为实体内部的联系和实体之间的联系。实体之间的联系可以分为多种类型，包括为一对一、一对多和多对多三种情况。根据实体之间的关系，建立实体—联系模型，在 E-R 图中，这三类联系用数字或字母加以区分，即在联系线的两端用数字或字母（1、M、N）表示联系的数量关系。根据城市地价与土地集约利用实体之间的关系，进行关系类型的设计，主要包括"联系"、"类继承"、"聚合"、"组成"、"关系类"。

①联系（Association）联系描述了类之间的关联。在两端的类中可以定义多重性（Multiplicity）关联。

如图 3.8 所示，多重性关联就是限制对象类与其他对象关联的数目关系。以下是用于多重性关联的符号：

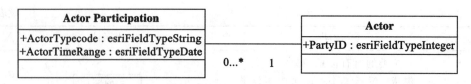

图 3.8　数据库设计之 UML 图形——联系(局部)

1 ——一个并且只有一个,这种多样性是可选的;如果不标明,则默认为"1"
0…1 ——零个或一个
M…N ——从 M 到 N(正整数)
＊或者 0… ＊ —— 从零到任意正整数
1… ＊ ——从一到任意正整数

②类继承(Type inheritance)定义了专门的类,它们拥有超类的属性和方法,并且同时也有自身的属性和方法。

如图 3.9 所示,组织(Organization)的属性和操作由正式组织(Formal Organization)和非正式组织(Informal Organization)继承。

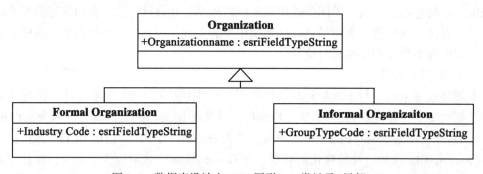

图 3.9　数据库设计之 UML 图形——类继承(局部)

③聚合(Aggregation)是一种不对称的关联方式,在这种方式下一个类的对象被认为是一个"整体",而另一个类的对象被认为是"部件"。部件和整体相关联,当部件移除后,整体依然能够存在。如图 3.10 所示。

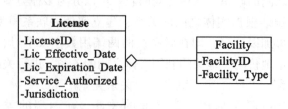

图 3.10　数据库设计之 UML 图形——聚合(局部)

④组成(Composition)是一种更为强壮的聚合方式,此种方式下,"整体"对象控制着"部

分"对象的生存时间。当整体对象被移除后,部分对象就不能再用了。如图 3.11 所示。

图 3.11　数据库设计之 UML 图形——组成(局部)

⑤关系类(Relationship class),在关联建模中,存在一些情况下,你需要包括其他类,因为它包含了关于关联的有价值的信息。对于这种情况,你会使用关联类来绑定你的基本关联。关联类和一般类一样表示。不同的是,主类和关联类之间用一条相交的点线连接。

(2)模型的设计

根据以上分析,构建城市地价与土地集约利用数据的 UML 模型。城市地价与土地集约利用数据 UML 模型的静态结构图如图 3.12 所示。

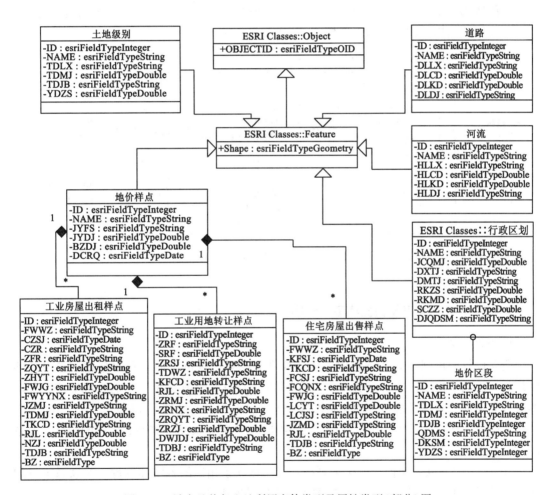

图 3.12　城市地价与土地利用实体类型及属性类型(部分)图

3.4 逻辑结构设计

数据库逻辑结构设计是把概念结构设计的结果转换成具体数据模型所允许的结构，即适应于某种特定数据库管理信息系统所支持的逻辑模型，数据库逻辑设计依赖于逻辑数据模型和数据库管理信息系统。数据模型可以分为传统的数据模型、面向对象数据模型以及针对空间数据的特征而设计的空间数据模型等。

3.4.1 逻辑结构设计的任务和步骤

逻辑结构设计的任务是将全局概念结构转化为某个具体 DBMS 所支持的数据模型，并根据逻辑结构设计准则、数据的语义约束、规范化理论等对数据模型的结构进行适当的调整和优化，形成合理的全局逻辑结构，并设计出用户子模式。

逻辑结构设计的步骤主要有三步。第一，将概念模型转化为一般的数据模型；第二，将一般的数据模型向特定的 DBMS 所支持的数据模型转换；第三，对数据模型进行优化，产生全局逻辑结构，并设计出外部模式。如图 3.13 所示。

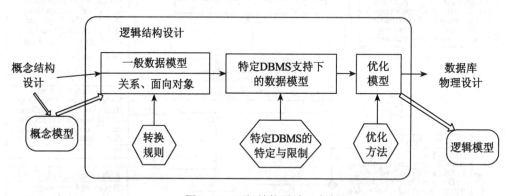

图 3.13 逻辑结构设计示意图

3.4.2 E-R 图向逻辑数据模型的转换

1. 转换原则

概念设计中得到的 E-R 图是由实体、属性和联系组成的，而关系数据库逻辑设计的结果是一组关系模式的集合。所以将 E-R 图转换为关系模型实际上就是要将实体、实体的属性和实体之间的联系转化为关系模式，这种转换一般遵循如下原则：

①一个实体型转换为一个关系模式。实体的属性就是关系的属性。实体的键就是关系的键。

②一个 m∶n 联系转换为一个关系模式。与该联系相连的各实体的键以及联系本身的属性均转换为关系的属性。而关系的键为各实体键的组合。

③一个 1∶n 联系可以转换为一个独立的关系模式，也可以与 n 端对应的关系模式合

并。如果转换为一个独立的关系模式,则与该联系相连的各实体的键以及联系本身的属性均转换为关系的属性,而关系的键为 n 端实体的键。

④一个 1∶1 联系可以转换为一个独立的关系模式,也可以与任意一端对应的关系模式合并。如果转换为一个独立的关系模式,则与该联系相连的各实体的键以及联系本身的属性均转换为关系的属性,每个实体的键均是该关系的候选键。如果与某一端对应的关系模式合并,则需要在该关系模式的属性中加入另一个关系模式的键和联系本身的属性。

⑤三个或三个以上实体间的一个多元联系转换为一个关系模式。与该多元联系相连的各实体的键以及联系本身的属性均转换为关系的属性。而关系的键为各实体键的组合。

⑥同一实体集的实体间的联系,即自联系,也可按上述 1∶1、1∶n 和 m∶n 三种情况分别处理。

⑦具有相同键的关系模式可合并。

为了进一步提高数据库应用系统的性能,通常以规范化理论为指导,还应该适当地修改、调整数据模型的结构,这就是数据模型的优化,确定数据依赖,消除冗余的联系。确定各关系模式分别属于第几范式,确定是否要对它们进行合并或分解。一般来说将关系分解为 3NF 的标准,即:

①表内的每一个值都只能被表达一次。

②表内的每一行都应该有唯一的标识(有唯一键)。

③表内不应该存储依赖于其他键的非键信息。

2. ER 模型转换成关系模型的实例

(1) 把每一个实体转换为一个关系

首先分析各实体的属性,从中确定其主键,然后分别用关系模式表示。例如,以城市地价与土地集约利用数据库的基本 E-R 图为例,七个实体分别转换成七个关系模式:

行政区划(<u>编号</u>,名称,建成区面积,地形条件,地貌条件,人口总数,人口密度,生产总值,地价区段数目)

土地级别(<u>编号</u>,名称,用地类型,土地面积,土地级别,样点总数)

地价区段(<u>编号</u>,名称,用地类型,土地面积,土地级别,区段描述,地块数目,样点总数)

地价样点(<u>编号</u>,名称,交易方式,交易地价,标准地价,调查日期)

工业用地转让样点(<u>编号</u>,转让方,受让方,转让时间,土地位置,土地开发程度,区域容积率,转让面积,转让年限,转让前用途,转让后用途,转让总价,单位面积地价,土地级别,备注)

工业房屋出租样点(<u>编号</u>,房屋位置,出租时间,出租人,租房人,租前用途,租后用途,房屋结构,房屋已用年限,建筑面积,土地面积,土地开发程度,容积率,年租金,土地级别,备注)

住宅房屋出售样点(<u>编号</u>,房屋位置,开发时间,土地开发程度,房屋出售时间,房屋产权年限,房屋结构,各楼层用途,各楼层平均售价,小区建筑密度,小区容积率,土地级别,备注)

其中,有下画线者表示是主键。

(2)把每一个联系转换为关系模式

由联系转换得到的关系模式的属性集中,包含两个发生联系的实体中的主键以及联系本身的属性,其关系键的确定与联系的类型有关。

以城市地价与土地集约利用数据库的基本 E-R 图为例,其中联系也分别转换成相应关系模式,例如:

属于(<u>地价样点编号</u>,<u>地价区段编号</u>)

拥有(<u>行政区划编号</u>,<u>地价区段编号</u>)

(3)特殊情况的处理

三个或三个以上实体间的一个多元联系在转换为一个关系模式时,与该多元联系相连的各实体的主键及联系本身的属性均转换成为关系的属性,转换后所得到的关系的主键为各实体键的组合。

例如,表示地价样点、地价区段、行政区划的关系。

(4)转换结果

最终,得到转换后的逻辑数据模型见表 3.5 至表 3.11。

①行政区划属性结构描述表(属性表代码:XZQH)。

表3.5　　　　　　　　　　　行政区划属性表结构表

序号	字段名称	字段代码	字段类型	字段长度	小数位数
1	编号	ID	Int	4	
2	名称	NAME	Char	16	
3	建成区面积	JCQMJ	Float	10	2
4	地形条件	DXTJ	Char	8	
5	地貌条件	DMTJ	Char	8	
6	人口总数	RKZS	Float	10	2
7	人口密度	RKMD	Float	4	2
8	生产总值	SCZZ	Float	10	2
9	地价区段数目	DJQDSM	Int	4	

②土地级别属性结构描述表(属性表代码:TDJB)。

表3.6　　　　　　　　　　　土地级别属性表结构表

序号	字段名称	字段代码	字段类型	字段长度	小数位数
1	编号	ID	Int	4	
2	名称	NAME	Char	16	
3	用地类型	TDLX	Char	16	
4	土地面积	TDMJ	Float	10	2
5	土地级别	TDJB	Int	4	
6	样点总数	YDZS	Int	4	

③地价区段属性结构描述表(属性表代码:DJQD)。

表 3.7　　　　　　　　　　　地价区段属性表结构

序号	字段名称	字段代码	字段类型	字段长度	小数位数
1	编号	ID	Int	4	
2	名称	NAME	Char	16	
3	用地类型	TDLX	Char	16	
4	土地面积	TDMJ	Float	10	2
5	土地级别	TDJB	Int	4	
6	区段描述	QDMS	Char	20	
7	地块数目	DKSM	Int	4	
8	样点总数	YDZS	Int	4	

④地价样点属性结构描述表(主表)(属性表代码:DJYD)。

表 3.8　　　　　　　　　　　地价样点属性表结构表

序号	字段名称	字段代码	字段类型	字段长度	小数位数
1	编号	ID	Int	4	
2	名称	NAME	Char	16	
3	交易方式	JYFS	Char	16	
4	交易地价	JYDJ	Float	10	2
5	标准地价	BZDJ	Float	10	2
6	调查日期	DCRQ	Date		

⑤工业用地转让样点属性结构描述表(子表)(属性表代码:GDZR)。

表 3.9　　　　　　　　　　工业用地转让样点属性表结构表

序号	字段名称	字段代码	字段类型	字段长度	小数位数
1	编号	ID	Int	4	
2	转让方	ZRF	Char	30	
3	受让方	SRF	Char	30	
4	转让时间	ZRSJ	Date		
5	土地位置	TDWZ	Char	20	

续表

序号	字段名称	字段代码	字段类型	字段长度	小数位数
6	土地开发程度	KFCD	Char	10	
7	区域容积率	RJL	Float	4	2
8	转让面积	ZRMJ	Float	10	2
9	转让年限	ZRNX	Char	6	
10	转让前用途	ZRQYT	Char	16	
11	转让后用途	ZRHYT	Char	16	
12	转让总价	ZRZJ	Float	10	2
13	单位面积地价	DWMJDJ	Float	10	2
14	土地级别	TDJB	Char	4	
15	备注	BZ	Char	30	

⑥工业房屋出租样点属性结构描述表(子表)(属性表代码：GFCZ)。

表3.10　　　　　　　　工业房屋出租样点属性表结构表

序号	字段名称	字段代码	字段类型	字段长度	小数位数
1	编号	ID	Int	4	
2	房屋位置	FWWZ	Char	30	
3	出租时间	CZSJ	Date		
4	出租人	CZR	Char	10	
5	租房人	ZFR	Char	10	
6	租前用途	ZQYT	Char	20	
7	租后用途	ZHYT	Char	20	
8	房屋结构	FWJG	Char	10	
9	房屋已用年限	FWYYNX	Char	10	
10	建筑面积	JZMJ	Float	10	2
11	土地面积	TDMJ	Float	10	2
12	土地开发程度	TKCD	Char	10	
13	容积率	RJL	Float	4	2
14	年租金	NZJ	Float	10	2
15	土地级别	TDJB	Char	4	
16	备注	BZ	Char	30	

⑦住宅房屋出售样点属性结构描述表(子表)(属性表代码：ZFCS)。

表3.11　　　　　　　　　住宅房屋出售样点属性表结构表

序号	字段名称	字段代码	字段类型	字段长度	小数位数
1	编号	ID	Int	4	
2	房屋位置	FWWZ	Char	30	
3	开发时间	KFSJ	Date		
4	土地开发程度	TKCD	Char	10	
5	房屋出售时间	FCSJ	Date		
6	房屋产权年限	FCQNX	Char	6	
7	房屋结构	FWJG	Char	10	
8	各楼层用途	LCYT	Char	10	
9	各楼层平均售价	LCJSJ	Float	10	2
10	小区建筑密度	JZMD	Float	4	2
11	小区容积率	RJL	Float	4	2
12	土地级别	TDJB	Char	4	
13	备注	BZ	Char	30	

3.5　物理结构设计

数据库在物理设备上的存储结构与存储方法称为数据库的物理结构，它依赖于给定的计算机系统。为一个给定的逻辑数据模型选取一个最适合应用要求的物理结果的过程，就是数据库的物理结构设计。

3.5.1　数据库的物理设计的内容和方法

1. 数据库物理结构设计的准备工作

在进行数据库物理结构设计的准备工作，主要包括：

①充分了解应用环境(特别是应用的处理频率和响应时间要求)，详细分析要运行的事务，以获得选择物理数据库设计所需参数。

②充分了解所用RDBMS的内部特征(功能、物理环境、工具)，特别是系统提供的存取方法和存储结构。

③熟悉外存设备的特性，如分块原则、块因子大小的规定、设备的I/O特性等。

2. 数据库物理结构设计的内容

空间数据库物理设计包括：

①物理表示组织。层次模型的物理表示方法有物理邻接法、表结构法、目录法。网络

模型的物理表示方法有变长指针法、位图法和目录法等。关系模型的物理表示通常用关系表来完成。物理组织主要是考虑如何在外存储器上以最优的形式存储数据，通常要考虑操作效率、响应时间、空间利用和总的开销等因素。

②空间数据的存取。常用的空间数据存取方法主要有文件结构法、索引文件和点索引结构三种。文件结构法包括顺序结构、表结构和随机结构。

本部分主要从空间数据库的存储策略和空间数据库中的关系模式设计两个方面来展开。空间数据库的存储策略主要阐述本节所提出的空间数据模型在计算机中从数据存储层到地理数据库层、从底层数据到对外表现的实现策略。

3.5.2 空间数据库的存储策略

空间数据具有空间特征、非结构化特征、空间关系特征以及海量数据管理特征等。对其管理的方法目前有：文件和关系数据库混合管理、全关系型数据库管理、对象—关系数据库管理和面向对象空间数据库管理。目前的 GIS 系统使用较多的管理方法，以第一种和第三种比较常见。例如采用对象—关系数据库管理，基于商业数据库进行存储。其存储策略如图 3.14 所示。

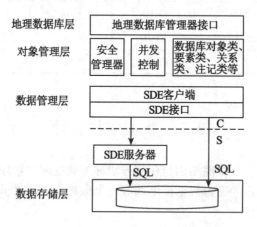

图 3.14　存储策略概念图

空间数据库引擎（SDE）是地理数据库的基础，负责处理空间数据模型与关系数据模型之间的映射，地理数据库则在空间数据库引擎的基础上实现对象分类、子类型、关系、定义域和有效性规则等语义的表达，实现面向实体的空间数据模型。

3.5.3 空间数据库关系模式设计

对象—关系数据库是关系模型和对象模型结合的产物。它既保持了 RDBMS 的所有功能和优势，同时通过使用抽象数据类型可以封装任意复杂的内部结构和属性，以表示空间对象。所以在设计和实现基于对象-关系数据库的面向实体的空间数据模型时，仍需要按照传统关系数据库的设计方法，设计数据库表的关系模式。

空间数据库主要包含空间数据和元数据信息两个部分。空间数据以"地理数据库—要素数据集—类"的层次进行组织。例如，类层次的对象有要素类、注记类、对象类、关系类和规则等，每一种对象在空间数据库当中需要用表集来描述其信息和内部关系。元数据信息则描述前面所有空间数据的元数据信息，使用数据字典进行表达。例如，可以将城市地价与土地集约利用数据库的对象即类体系分为两种：公共实体基类和各种不同类型的派生类。而派生类又包括基本元素类、基本空间实体类、地价和土地利用样点类、地价区段类、土地级别类、分类型土地类、城市类、道路类、河流类、栅格类、文字标注类等。

1. 空间实体基类

空间实体基类是所有空间实体的基类，它拥有空间实体的共有的特征和操作，又因为空间实体在系统中主要是显示在计算机屏幕或绘图仪器上，因此还包括与显示有关的属性和操作，所以空间实体基类的属性有标识号(ID)、颜色(Color)和边界矩形(Boundary Rect)等，操作有实体显示，边界矩形计算等。应用面向对象技术的多态性，将基类中的操作都定义为虚函数，在实际操作时再决定其子类中操作的具体实现方法。

2. 基本元素类

点、线是两种制图和空间操作的基本元素。定义基本元素类的作用是用来作为所有制图元素和空间实体元素的基类。两类基本元素类都由空间实体基类派生而来。

(1) 点类(Point)

除了基类的属性和操作，点的属性还包括点的坐标。

(2) 线类(Line)

线的特有属性有线长(Line Length)，线段经过的粗格网和细分格网的自然数 Morton 码序列，操作有长度量算等。

3. 基本空间实体类

将所有的空间实体归纳为三种最简单的实体，即点、线、面，分别为它们从点类、线类和空间实体基类中派生实体类。

(1) 结点类(Node)

由点类派生，属性有关联弧段列表等。

(2) 弧段类(Are)

弧段类由线类派生，其特有属性有头结点(FNode)、尾结点(TNode)、左多边形(LPoly)、右多边形(RPoly)。

(3) 多边形类(Polygon)

多边形类由空间实体基类派生，特有属性有组成面的弧段列表、用地类型、土地级别、土地面积、多边形面块循环链表头指针以及标识该多边形是否为岛和(或)多边形内是否有岛的属性变量，操作有面积量算、多边形边界调整。

4. 地价和土地利用样点类

虽然地价和土地利用样点是一块具体的宗地，但是考虑到宗地内部地价的一致性，因此用点来表述样点比较适宜，所以样类可以是点类的派生类。它的特有属性主要有：

①调查期日(Time Limit)：标识样点的有效时间点；

②用地类型(Land Type)：样点所在土地的用地类型；

③土地级别(Land Grade)：样点所在的土地级别；

④土地使用权类型(Land Using Type)：样点所在土地的使用权类型，如划拨、出让、转让等；

⑤土地使用者(LandUser)：样点所在宗地的土地使用者名称；

⑥国有土地使用证编号(CertificateCode)；

⑦土地位置(LandLocation)；

⑧宗地形状(LandShape)：如长方形、长条形、刀把形等；

⑨宗地面(LandArea)；

⑩)临街状况(StreetFacing)：如一面临街、两面临街、不临街等；

⑪距离市中心距离(DistanceToCityCenter)：应该为从监测点所在宗地到城市区位中心的最短路径距离；

⑫地质条件(GeologyCondition)：样点宗地周围及附近的地质条件；

⑬宗地内主要建筑物(MainBuildings)；

⑭建筑面积(BuildingArea)；

⑮建筑容积率(CVRatio)；

⑯周围环境条件(EnvironmentCondition)；

⑰周围交通条件(TrafficCondition)；

⑱实际土地开发程度(ExploitingLevel)：样点宗地红线以外的土地开发程度；

⑲样点标准地价(StandardPrice)：通过修正以后的样点地价；

⑳样点宗地图位图地址码(LandMapCode)：样点宗地图位图的调用地址码；

㉑样点的显示格式(DisplayMode)：定义样点在显示时在地图上的表现形式；

样点类的具体操作有样点资料的输出，样点宗地图的调用与显样点与市中心最短路径距离的计算等。

5. 地价区段类

在地价分布研究中，地价区段是最基本的研究区域，因此将地价区段作为一个空间对象，从空间实体基类中派生地价区段类。地价区段类所包含的属性有：

①用地类型(LandType)：标识该地价区段所在的用地类型；

②土地级别(LandGrade)：标识地价区段所在的土地级别；

③土地面积(LandArea)：标识属于该地价区段的所有地块的总面积；

④地价区段名称(RegionName)；

⑤地价区段描述(RegionDescribe)：描述地价区段分布位置等资料；

⑥样点总数数组(SampleNumArray)：记录各研究期次属于该地价区段的样点的总数；

⑦样点布设情况二维数组(SampleArray)：记录该地价区段上自研究体系建立以来不同期次的样点布设和更新历史；

⑧地块二维数组(LandmassArray)：存储各研究期次该级别土地类型中属于同一地价区段的所有地块多边形数据的数组；

地价区段类上所具有的操作有地价区段资料的输出，土地级别面积的量算，地价区段边界的调整。

6. 土地级别类

将具体的用地类型中的具体的一个土地级别的所有地块作为一个空间实体对象,从空间实体基类派生土地级别类。土地级别由一个或多个地价区段组成,因此含有以下属性:

①用地类型(LandType):标识该土地块所在的用地类型;
②土地级别(LandGrade):标识土地块的级别;
③土地面积(LandArea):标识该土地级别所有地块的总面积;
④定基地价指数数组(BasedIndex):存储该土地级别上研究期次的定基地价指数;
⑤环比地价指数数组(CircleIndex):存储该土地级别上个研究期次的环比地价指数;
⑥级别基准地价数组(BasePriceArray):记录研究体系建立以来该级别土地不同期次的基准地价的更新变化历史;
⑦地价区段列表数组(RegionArray):记录该土地级别上所有的地价区段的相关信息;
⑧监测点总数数组(SampleNumArray):记录该级别土地上在各研究期次设立的样点数量;

土地级别类上所具有的操作有土地级别面积的量算,样点资料、地价区段资料的输入,监测点数目的统计计算,级别基准地价的计算和更新,级别边界的调整以及定基、环比地价指数的测算。

7. 分类型土地类

把同一类型的土地作为一个空间实体进行抽象,从空间实体基类派生分类型土地类。分类型土地类的属性有:

①用地类型(LandType):土地的使用类型;
②土地总面积(TotalArea):该类型土地所有级别土地的总面积;
③土地级别数(GradeNum):该类型土地所划分的土地级别数;
④土地级别数组(GradcArray):记录该类型土地各土地级别的数据;
⑤样点总数数组(SampleNumArray):记录该类型土地上在各研究期设立的样点总数;
⑥地价区段总数数组(RegionNumArray):记录该类型土地各级别上在各研究期划分的地价区段总数;

分类型土地类上所具有的操作有土地总面积的量算,样点总数、地价区段总数的统计计算。

8. 城市类

城市类由空间实体基类派生而来,记录城市的一般资料等。城市类的主要属性有城市名称、所在省市、城市级别、城市类型、行政区划、城市位置、建成区面积、地形条件、地貌条件、地质条件、土壤类型、气候条件、水文条件、人口总数、人口密度、人均居住面积、国内生产总值、人均纯收入、社会固定资产投资总额等,还有各用地类型基本资料,各类样点总数,各类地价区段总数,以及城市综合定基地价指数序列数组,城市综合环比地价指数序列数组等。操作有样点总数统计计算、地价区段总数统计计算,城市综合定基地价指数测算,城市综合环比地价指数计算等。

9. 道路类

由于道路在计算地价时非常重要,因此从空间实体基类的派生道路类。具体又分为公路网络类(Highroad Net)和铁路类(Railroad)两种。

(1)公路网络类：

公路网络类是市区各个方向的马路交织而成的道路网，可以用网络图来表示。公路网络类是一个集合图类，由两个下属类组成：

①道路节点类(Cross Node)：由点类派生，代表各条道路的各个交叉点。

②道路段类(Road Arc)：由线类派生，代表两个节点之间的关联路段。属性有道路段名称(Road Name)、道路段等级(Road Grade)、道路宽度(Road Width)等。操作有道路段走向判断。

公路网络类的属性就是由道路节点类和道路段类组成的网。利用公路网络类可以进行整条道路信息提取，点与道路网最短距离计算，道路双线生成计算，道路缓冲区生成计算，最短路径计算等操作。

(2)铁路类

在系统中，铁路对地价的计算中不作为影响因子，主要是作为一个图形要素来表示，最重要的是记录站点和铁路线的位置信息，因此主要属性有站点列表和铁路弧段列表。铁路类包括地铁类(Subway)和地上铁路(Railway)类，两者主要在显示方式上有所不同。

10. 河流类

同铁路一样，河流也不作为地价计算的影响因子，主要是作为一个地图元素加以考虑。另外，河流区域不必进行拓扑分析，因此河流类的数据可以使用纯栅格数据结构来表示。考虑到面积计算的精确性和微机的计算能力，对河段的划分使用 $2m \times 2m$ 的栅格，用线性四叉树进行编码存储。河流类操作有河流面积计算等。

11. 栅格类

将研究范围类的土地按照一定的间隔划分为栅格网，以每个栅格中间点的地价代表整个栅格区域内的平均地价。由于地价分布的连续性，当栅格的大小适当时，这种方法既能节省存储空间，又能够精确地表示连续分布的地价。因为地价研究需要多期的地价用来进行地价分析和预测，因此栅格须记录不同研究期次栅格内的地价，和在不同研究期次、不同土地类型中所属的土地级别。栅格类由空间实体基类派生，它的属性有：

(1)栅格标识码(GridID)

由于各个栅格的自然数 Morton 码具有唯一性，因此可用栅格的 Morton 码来标识栅格；

(2)各期次栅格分类型平均地价三维数组(GridPrice)

即栅格中心点在各研究期的分类型地价序列。

12. 文字标注类

文字标注类主要作用是在显示地图时方便用户识别各个地物。文字标注类由点类派生。主要属性有文字延伸方向、文字大小、字体类别、文字内容、文字长度等。

一个空间要素类由一种或多种几何元素集、属性信息表集和图形信息表集构成，由于要素类按照三个层次进行组织，因此，进行要素类关系模式设计，建立要素类的表集，其包括记录要素基本信息表、记录几何实体信息表、记录点信息表、记录弧段信息表、记录弧段的拓扑信息表、记录点的图形信息表、记录线的图形信息表和记录区的图形信息表。

【本章小结】

空间数据库是随着地理信息系统的开发和应用而发展起来的数据库新技术，它是地理信息系统的重要组成部分，是其他应用部分的前提和基础。本章首先介绍了空间数据库建立的相关理论和方法；详细介绍了空间数据库设计中的需求分析；重点介绍空间数据库概念结构设计，分别介绍 E-R 模型、空间 E-R 模型和 UML 模型三种概念设计的方法，并结合实例进行了叙述；之后，介绍了空间数据逻辑结构设计和物理结构设计，当完成数据库的物理设计以后，设计人员就要用 RDBMS 提供的数据定义语言和其他使用程序将数据库逻辑设计和物理设计结果严格描述出来，成为 DBMS 可以接受的源代码，再经过调试产生目标模式，然后就可以组织数据入库了。

【练习与思考题】

1. 什么是空间数据库？它有什么特点？
2. 试叙述如何进行空间数据库的设计和建立。
3. 什么是 E-R 模型？举例说明该模型是如何对数据进行组织和管理的。
4. 什么是 UML 模型？举例说明该模型是如何对数据进行组织和管理的。
5. 什么是空间数据库逻辑结构设计？请举例说明。

第4章 空间数据库的建立与维护

【教学目标】

本章内容主要介绍海量空间数据组织形式及空间数据库的建立与维护。学生通过本章学习应理解海量空间数据的特征及组织形式,掌握空间数据图幅的组织方法;学习空间数据库的建立方法、建立的内容、空间数据采集、处理、方法及流程;数据库维护的内容、类型及方法,使学生掌握空间数据库的建立与维护,能进行空间数据库的建库工作。

4.1 海量空间数据组织

空间数据相对于一般的事务性数据量要大,一幅标准的地形图矢量数据可达几兆,一幅标准地图分幅的数字影像数据可达上百兆,一个区域地理信息系统的空间数据量可能达几十千兆,或数百千兆。随着GIS应用领域的不断扩大,一个大型的空间数据库系统,如城市规划系统、地下管网管理系统、土地管理系统、公安警用系统等,由于其管理的数据量很大,且比例尺也大,这些系统的空间数据库的数据量级可达吉字节甚至太字节,通常称为海量数据。如何解决海量空间数据管理问题就成为空间数据库技术的关键所在。

4.1.1 空间数据的组织形式

1. 海量数据特征

空间数据量是巨大的,由于地理数据涉及地球表面信息、地质信息、大气信息等多种极其复杂的信息,描述信息的数据量十分巨大,容量通常达到GB级,而一个城市GIS的数据量可能达几十个GB,如果考虑到影像数据的存储,可能达几百个GB乃至TB级,通常称为海量空间数据。海量空间数据具有多时空性、多尺度性、多源性等特征,处理数据量大、结构复杂。空间数据库必须解决数据库冗余问题,加快访问速度,防止由于数据量过大而引起的系统"瘫痪",这就使得空间数据的组织管理要不同于普通数据。

2. 数据组织的分级

数据是描述现实世界中的信息的载体。为表达有意义的信息内容,数据必须按照一定的方式进行数据组织和存储。数据库中的数据组织一般可分为四个级别:数据项、记录和文件和数据库。

(1) 数据项

数据项是文件中可存取的数据的基本单位,也是可以定义数据的最小单位,也叫基本项、字段等,它具有独立的逻辑意义,例如一个编码、一个坐标等。数据项与实体的属性相对应,用来描述物体的属性,有一定的取值范围,称为域。数据项的值可以是数值、字母、字母数字以及汉字等形式。每个数据项都有一个名称，叫做数据项名，用以说明该数据项的含义。数据项的物理特点在于它具有确定的物理长度，一般用字节数目来表示。数据项组是由在逻辑上具有某种共同标志的若干数据项组成的，如"日期"可以由日、月、年三个数据组合而成。

(2) 记录

记录是由一个或多个数据项或数据项组组成，是应用程序输入/输出的逻辑单位。对数据库系统来说，是信息处理和存储的基本单位，是对一个实体信息描述的数据总和，记录的数据项表示实体的若干属性。记录中总有某个或某几个数据项，它们的值唯一地标识一个记录，这个(或这些)数据项称为关键字。有主关键字、次关键字之分。

记录有逻辑记录和物理记录。逻辑记录按信息逻辑在逻辑上的独立意义划分数据单位，物理记录按数据存储单位划分。两者之间的关系为：一个物理记录对应一个逻辑记录；一个物理记录对应若干个逻辑记录；一个逻辑记录对应若干个物理记录。

(3) 文件

文件是一给定类型的(逻辑)记录的全部具体值的集合。文件的数据量通常很大，所以一般放在外存上。文件组织是指数据记录以某种结构方式在外存储设备上的组织。因此，文件一般是指存储在外部介质上数据的集合。

根据记录的组织方式分为：顺序文件、索引文件、直接文件、和倒排文件。文件用文件名标识。在简单文件中，每个逻辑记录包含相同数目的数据项。在较为复杂的文件中，由于重复组的存在，每个记录包含不同数目的数据项。

(4) 数据库

数据库是具有特定联系的数据集合，也可以看成是多类型记录的集合。是比文件更大的数据组织。其内部构造是文件的集合。文件之间存在某种联系，不能孤立存在。

数据组织的层次有两类分级方法：逻辑分级：从人的观测角度及描述对象之间的关系，有数据项、记录、文件和数据库。物理分级：在存储介质上的存储单位，有比特、字节、字、块、桶和卷。

3. 空间数据的组织形式

面向 GIS 地理数据模型是由点、线、面和体组成，为了便于管理和应用开发，解决海量数据的存储问题，一方面从存储硬件方面考虑，要开发研制大容量的存储设备；另一方面，要采用合理的数据处理与组织等软措施，如信息压缩技术、分布式存储技术等。

GIS 中空间数据的存储方式有两类：①空间数据的文件方式管理加属性数据的关系数据库管理；②空间数据和属性数据的全关系数据库管理。目前，基于数据库的 GIS 系统已经实现了图形数据和属性数据的无缝结合：所有空间、属性栅格影像数据都存储于中央数据库中，既方便了数据的维护，又确保了数据的完整性和一致性。基于关系数据库或者对象关系数据库(ORDB)的空间数据管理已经成为 GIS 发展的趋势。

对海量空间信息进行有效的组织，需要对所得到的地理数据重新进行分类、组织，来提高空间信息的存取与检索速度。通常，人们习惯于在二维空间上按不同比例尺、横向分幅(标准分幅或区域分幅等)，在垂直方向上纵向分层(专题层等)来组织海量空间数据。将现实世界中的空间对象层层细分，先将地图按专题分层，每层再按照临近原则分块，每块也称为对象集合。如有需要，再将大块分为小块，最后为单个对象。对象集合是由多个单个对象组成。

4. 纵向分层组织空间数据

在空间数据库中，由于空间信息种类繁多，数据量巨大，为对不同要素进行查询和分析，提高地图中各个要素的检索速度，便于数据的灵活调用、更新及管理，根据地图的某些特征，把空间数据分为若干个专题层，将不同类不同级的图元要素进行分层存放，每一层存放一种专题或一类信息。这种在一定空间范围内把具有相同属性要素的同类地理空间实体按照用户一定的需要或标准有机组合在一起构成图层，它表示地理特征以及描述这些特征的属性的逻辑意义上的集合。

在空间数据库中的图层并不是这些地理空间实体的简单堆砌，而是在某种特殊应用领域下地理空间实体的组合，并且相互之间有着密切的联系。在同一层信息中，数据都具有相同的几何特征和相同的属性特征。一般情况下，若干地理实体可以作为一个图层，一个图层可以由相同类型的地理实体构成，也可以包含不同类型的地理实体，而各个图层的叠加即组成一幅完整地图。在这种分层组织方式中，空间数据由若干个图层及相关的属性数据组织而成，每个图层又以若干个空间坐标的形式存储，各专题层统一的地理基础是公共的空间坐标参照系统，如水系、道路、行政区划、屋、地下管线、自然地形等。为了对不同要素进行查询和分析，可在逻辑上加以区别通常利用"层"的概念来分别组织存储不同要素的空间信息，是目前空间数据组织的基本方法之一。如图4.1所示，按照地物抽象成的几何要素被人为地分为道路层、建筑物层、植被层、水系层等。

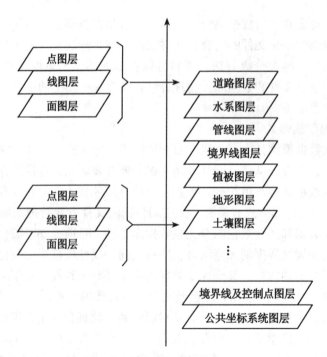

图4.1 空间数据分层组织

在空间数据库中，地理空间数据是分层次的，按专题属性或专题特征，一幅地图可以划分成多个专题图层，这些图层都具有完全相同的地理范围。

数据分层的依据是专题内容、几何表达形式和拓扑特征的差别。一般而言，专题内容不同的数据建立不同的层，例如：水系、道路、居民地在地形图模型中均为单列的层；根据几何表达形式将专题内容分解为不同的层，同一个图层中的空间实体大多是同一要素类型，如点图层、线图层、面图层、栅格影像图层等，在水系中的多边形的湖泊和河流、线状的河流与水渠、点状的井与泉三类表达形式不同的数据应分别建立不同的层。

专题分层就是根据一定的目的和分类指标对底图上专题要素进行分类，按类设层，每类作为一个图层。分类可以从性质、用途、形状、色彩四个方面考虑。性质用来划分要素的类型，说明要素是什么，如河流、公路、境界等。不同的用途决定了地图表示内容的不同，不同的内容必须用不同的图层表示，因而不同用途的地图其图层划分极不相同。例如，在消防指挥地理信息系统中，以1：1万城市平面图为基础数据，根据用途分两大类：显示用图层和分析用图层。显示用图层包括街区层、铁路层、水系层、注记层；分析用图层包括街区道路层、单位层、建筑层、市政消火栓位置层、消防单位及责任区层、无线电报警点位层。不同的色彩可用来表示不同要素。例如，地形图，棕色表示等高线、冲沟等，钢灰色表示居民地、道路、境界、独立地物等，蓝色表示水系、河流、湖泊等，色彩是划分图层的一个重要指标。根据比例尺的大小可将各层分别定义为点层、线层和面层。表4.1是图层划分的例子，其中每一图层存放一种专题或一类信息，有些是几种关系密切的相关要素组合在一起构成一个图层，有些是按照不同属性把图件分解成若干个只代表个别属性的图层，所有点图元(包括注释)层有一个对应的点数据文件，所有线图元层有一个对应的线数据文件，所有区图元层有一个对应的区数据文件。图层分得粗还是细，必须根据应用上的需要，计算机硬件的存储量、处理速度以及软件限制来决定。图层分得过细或过粗都不好，分得过细不便于管理，不利于考虑要素间相互关系的处理，反之分得过粗，不利于某些特殊要求的分析、查询。例如，把在地下管网系统中不同性质的地下管线(供水、排水、污水、电力、通信、煤气、热力等)合在同一图层，当需要单独查询，显示其中一种管线时，只能根据管线的属性来区分，这比单独用一层存放一种管线要花费更多的处理时间。

专题分层的组织方式在理论上和实践上比较成熟，在以前的 GIS 系统中经常使用。除了按专题内容进行分层外，还有一些其他形式，可以依据时间和垂直高度进行分层。按时间序列分层则可以不同时间或时期进行划分，时间分层便于对数据的动态管理，特别是对历史数据的管理。按垂直高度划分是以地面不同高程来分层，这种分层从二维转化为三维，便于分析空间数据的垂向变化，从立体角度去认识事物构成。另外，也可以按专题分层与面向对象相结合的方式、完全面向对象的组织方式等进行分层。随着面向对象技术的发展和成熟，把面向对象与分层结合起来的方式得到了越来越多的应用，特别是随着 Oracle 数据库对空间数据的支持，使得这种方式逐渐流行起来。

这种以层次结构组织空间数据的方法为采用 R 树空间索引进行空间检索做好了准备工作。对地图进行分层管理，是计算机对图形管理的重要内容，以层的管理形式效率最高。分层便于数据的二次开发与综合利用,实现资源共享,也是满足多用户不同需要的有效手段,各用户可以根据自己需要,将不同内容的图层进行分离、组合和叠加形成自己需要的专题图件,甚至派生出满足各种专题图幅要求的不同底图。用户操作时就只涉及一些特定的专题层,而不是整幅地图,这样系统就能对用户的要求做出迅速的反应。分层组织也有一些缺点,较少考虑以分类属性和相互关系为基础的结构化实体的内在规律描述,使空间分析能力相对较弱,忽视了地理现象的本质特性及其之间的复杂内在联系,降低了信息的容量等。当然分层组织并不是唯一的组织方式,还有诸如基于特征的数据组织等,但是,目前使用较为成熟的还是分层组织管理。

4.1.2 空间数据图幅的组织方法

由于海量空间数据具有数据量巨大且分布范围广的特征,产生了无限的地球空间信息与有限的计算机资源之间的矛盾,为了解决这个矛盾,采用了分幅存储、管理和处理。

目前,多数 GIS 应用系统,都是以图幅为单位进行管理。即按图幅将大区域空间数据进行分割,现在世界各国的一般方法是采用经纬线分幅或采用规则矩形分幅,如图 4.2 所示。

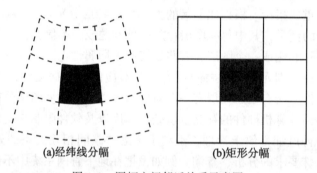

(a)经纬线分幅　　(b)矩形分幅

图 4.2　图幅之间邻近关系示意图

1. 空间数据图幅组织的原因

随着 GIS 应用领域的不断扩大,如城市规划系统、地下管网管理系统、土地管理系统、公安警用系统等,由于其管理的数据量很大,且比例尺也大。所以,靠对单幅图的管理已不能适应应用的需要。无论哪类数据,如果不进行分割,就会出现很多问题,主要有以下几个方面:

①有限的磁盘容量与无限的地球空间信息的矛盾。海量空间数据库的数据量一般大致上百甚至上千吉字节,如此巨大的数据量往往超出了文件管理能力大小的范围,也无法存储在单个磁盘上,若分散在不同的磁盘上,存取、复制又很不方便。

②数据不完全问题。一旦出现系统故障,或操作不慎,就会导致数据库个别地方的破坏,甚至还可能破坏整个数据库,出现数据不完全现象。

③数据库维护困难。如果不对数据库进行分幅处理,那么即使是对个别范围的数据更

新，也常常要处理整个范围的数据库，这就要花费很多的计算时间，尤其是需要更新拓扑结构、四叉树结构、游程长度编码结构时，问题就更为突出。

④查询分析效率很难提高。实际上，大多查询分析应用只需在局部数据范围内进行，但是整个数据文件越大，局部数据处理的相对时间越长。

为了解决上述问题，常在数据分层的基础上对空间数据进行分幅，当只涉及某幅的一些操作时，只对该幅的小范围进行操作就可以了。当需要跨越多幅数据时，利用软件自动地将相关图幅的数据拼起来，而处理这些数据的用户并不需要做拼接的操作，也不会感到查询、分析的结果是拼接起来的，他所面对的是一个拼接好的整体。当处理工作涉及多种专题或多个层时，则先自动完成各层内的多幅拼接，再处理层与层之间的关系，这就是空间数据的分幅处理。

2. 空间数据库的图幅组织方法

海量空间数据库是以图幅为单位进行管理。将某一区域的空间信息按照某种分幅方式，分割成多个数据图幅，以文件或表的形式存放在不同的目录或数据库中。在空间数据库中，用图幅来表示地理区域互不重叠的单一要素。在进行数字化录入和数据编辑等操作时，均是对单幅图处理，然后再将这些图幅组织到一个空间中。

各个图幅的地理范围都不相同，不同图幅对应不同的块区域，它们从空间上拼接成一个完整的地图。空间数据的分幅组织可以有效地对数据进行分割，解决不能容纳较大数据集的问题，从而实现对海量空间数据的有效管理。

在对空间数据库进行图幅组织管理时，为将各图幅都组织到一个大区域空间上，首先要对该空间的组织形式进行定义，数据库中的所有图幅都须按定义的形式进行录入。主要包括：坐标单位、经度和纬度跨度(用经纬线分幅时)、比例尺、图幅的宽和高(用矩形分幅时)、地图投影类型、椭球体参数等。在大区域空间的组织形式确定后，就可逐一将图幅输入库中。输入时须指出该图幅的文件名(可能一个图幅含有多个文件)和用于确定图幅在库中的位置的横向纵向序号(矩形分幅)或左下角经纬度(经纬线分幅)。

对系统而言，当用户要求按某局部范围进行检索时，系统可对所指定范围对应的图幅文件进行检索；当用户要求按分类要素进行检索时，系统可根据图幅之间的邻接关系将所有需要的要素检索出来。

3. 图幅间被分割目标的组织方法

将图幅输入库中时，还未建立相邻图幅间同一目标的联系。这种联系可以在用户做相邻图幅的拼接时(通过自动或人工方式进行相邻图幅间同一目标的连接)，由系统将这种联系记入系统中。系统中以什么样的形式来组织和管理被分割目标的联系，是海量空间数据库管理系统的一个重要内容。我们认为，可以有两种方式来组织这种联系：统一建立和管理整个空间的所有目标的联系和只建立和管理被分割目标的联系。

(1)整个空间目标统一组织和管理方式

这种组织方式是建一个全库索引表，将整个空间的所有目标及其分属的图幅号均放入索引表中。如图4.3和表4.1所示。

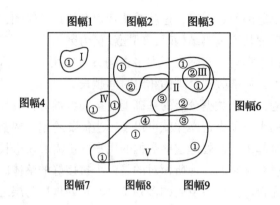

图 4.3 图幅间目标连接图

表 4.1 全库索引表

空间目标	Ⅰ	Ⅱ	Ⅲ	Ⅳ	Ⅴ
图幅 1	1, ①				
图幅 2		1, ①			
图幅 3		1, ①	1, ②		
图幅 4				1, ①	
图幅 5		2, ②, ③		1, ①	1, ④
图幅 6		1, ②	1, ①		1, ③
图幅 7					1, ①
图幅 8					1, ①
图幅 9					1, ①

图中，Ⅰ、Ⅱ、Ⅲ、Ⅳ、Ⅴ分别表示全库中的目标编号，①~④分别表示各图幅中的对象编号。在全库索引表中，存放的是同一目标在各图幅中的对象个数和编号。如，Ⅱ号目标在图幅 6 中有一个对象，其在图幅 6 中的编号为 2。

除了全库索引表外，还应建立一个区域嵌套关系表，如Ⅲ号区嵌套在Ⅱ号区内。

这种用全库索引表来表示不同图幅间目标的连接关系，比较简单、明了。缺点是：索引表比较大，而大多情况下，真正被分割到多个图幅上的目标是少数。

(2) 只建立和组织被分割目标方式

这种方式是只将被分割的目标放在索引表中，显然，此索引表要比上述的全库索引表要小得多。在建库和图幅入库时，索引表是空的。当进行图幅拼接时，每拼接一个目标，就将该目标的信息(包括该目标分别在两个图幅中的编号)插入索引表中的适当位置(有可能该目标还与第三个图幅有关，且已记入索引表中)。

在检索目标时，可根据所要检索的图幅号来查询索引表，从中找出符合要求的完整的目标对象。对索引表中没有的目标，可直接查询该图幅中的目标信息即可。

4. 空间数据分幅方式

空间数据分幅的方式主要有：标准经纬度分幅、矩形分幅和任意区域多边形分幅。

空间数据标准经纬度分幅是根据经纬线将空间数据划分成多个数据图幅；矩形分幅是按照一定大小的矩形将空间数据划分成多个数据图幅；任意区域多边形分块顾名思义就是依据特征按任意多边形将空间数据划分为多个数据图幅。

例如一个县的土地利用现状图就有按乡镇区域分幅的和 1：1 万（地形图）标准经纬度分幅的两种形式；国家基本地形图的分幅就是按经纬线分幅的梯形分幅法，和按坐标格网分幅的矩形分幅法。前者用于中、小比例尺的国家基本图分幅，后者用于城市大比例尺图的分幅。除以上主要的分幅方式外，还可以按行政区划分幅、城市管理分幅（如电信分幅、污水系统分幅、消防分幅等）、交通管理分幅、邮政分幅、环保分幅等。下面介绍几种常用的分幅方法。

(1) 标准经纬度分幅

为了便于计算机检索和管理，1992 年国家标准局发布了《国家基本比例尺地形图分幅和编号》(GB/T13989-92) 国家标准，自 1993 年 7 月 1 日起实施。我国基本比例尺地形图分幅与编号新方法均以 1：100 万地形图为基础，按规定的经差和纬差划分图幅（见表 4.2）。

表 4.2　　　　　　　　　　各种比例尺地形图梯形分幅

比例尺	图幅大小		比例尺代号	1：100 万图幅包含该比例尺地形图的图幅数（行数×列数）	某地图图号
	经差	纬差			
1：500000	3°	2°	B	2×2=4 幅	K51 B 002002
1：250000	1°30′	1°	C	4×4=16 幅	K51 C 004004
1：100000	30′	20′	D	12×12=144 幅	K51 D 012010
1：50000	15′	10′	E	24×24=576 幅	K51 E 020020
1：25000	7.5′	5′	F	48×48=2304 幅	K51 F 047039
1：10000	3′45″	2′30″	G	96×96=9216 幅	K51 G 094079
1：5000	1′52.5″	1′15″	H	192×192=36864 幅	K51 H 187157

1：100 万地形图的分幅按照国际 1：100 万地图分幅的标准进行，每幅 1：100 万地形图的标准分幅是经差 6°、纬差 4°（纬度 60°~76°之间为经差 12°、纬差 4°；纬度 76°~88°之间为经差 24°、纬差 4°）。

每一幅 1：100 万地形图分为 2 行 2 列，共 4 幅 1：50 万地形图，每幅 1：50 万地形图的分幅为经差 3°、纬差 2°。

每幅 1：100 万地形图划分为 4 行 4 列，共 16 幅 1：25 万地形图，每幅 1：25 万地形图的分幅为经差 1°30′纬差 1°。

每幅 1：100 万地形图划分为 12 行 12 列，共 144 幅 1：10 万地形图，每幅 1：10 万地形图的分幅为经差30′、纬差20′。

每幅1:100万地形图划分为24行24列，共576幅1:5万地形图，每幅1:5万地形图的分幅为经差15′、纬差10′。

每幅1:100万地形图划分为48行48列，共2304幅1:2.5万地形图，每幅1:2.5万地形图的分幅为经差7′30″、纬差5′。

每幅1:100万地形图划分为96行96列，共9216幅1:1万地形图，每幅1:1万地形图分幅为经差3′45″、纬差2′30″。

每幅1:100万地形图划分为192行192列，共36864幅1:5千地形图，每幅1:5千地形图的分幅为经差1′52.5″、纬差1′15″。

（2）正方形或矩形分幅

大比例尺地图，大多数采用正方形或矩形分幅法，它是按统一的坐标格网线整齐行列分幅。图幅大小如表4.3所示。常见的图幅大小为50cm×50cm、50cm×40cm或40cm×40cm，每幅图中以10cm×10cm为基本方格。一般规定对1:2000、1:1000和1:500比例尺的图幅，采用纵、横各50cm的图幅，即实地为$1km^2$、$0.25km^2$、$0.0625km^2$的面积。以上均为正方形分幅，也可采用纵距为40cm、横距为50cm的分幅，总称为矩形分幅。图幅编号与测区的坐标值联系在一起，便于按坐标查找图幅。地形图按矩形分幅时，常用的编号方法有以下两种。

表4.3 几种大比例尺地图的图幅大小

比例尺	正方形分幅		矩形分幅	
	图幅大小(cm^2)	实地面积(km^2)	图幅大小(cm^2)	实地面积(km^2)
1:2000	50×50	1	50×40	0.8
1:1000	50×50	0.25	50×40	0.2
1:500	50×50	0.0625	50×40	0.05

①图幅西南角坐标公里数编号法。坐标公里数编号法：即采用图幅西南角坐标公里数，x坐标在前，y坐标在后。其中1:1000、1:2000比例尺图幅坐标取至0.1km（如245.0-112.5），而1:500图则取至0.01km（如12.80-27.45）。以每幅图的图幅西南角坐标值x、y的公里数作为该图幅的编号，如图4.4所示为1:1000比例尺的地形图，按图幅西南角坐标公里数编号法编号。其中画阴影线的两幅图的编号分别为2.5-1.5和3.0-2.5。

②基本图幅编号法。将坐标原点置于城市中心，用x、y坐标轴将城市分成Ⅰ、Ⅱ、Ⅲ、Ⅳ四个象限，如图4.5(a)所示。以城市地形图最大比例尺1:500图幅为基本图幅，图幅大小为50cm×40cm，实地范围为东西250m、南北200m。行号按坐标的绝对值 x=0~200m编号为1，x=200~400m编号为2……；列号按坐标的绝对值 y=0~250m编号为1，x=250~500m编号为2……；依次类推。x，y编号中间以斜杠(/)分割，成为图幅号。

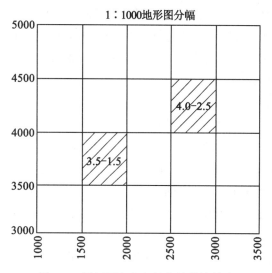

图 4.4 图幅西南角坐标公里数编号法

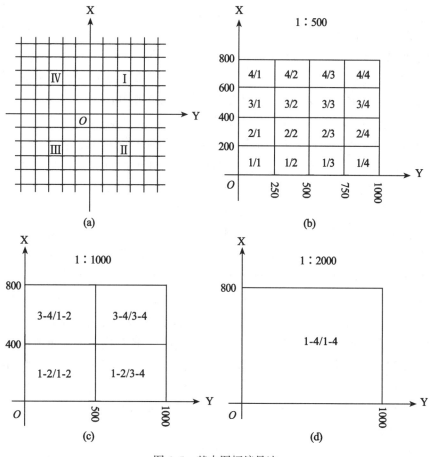

图 4.5 基本图幅编号法

如图 4.5(b)所示为 1∶500 比例尺图幅在第一象限中的编号；每 4 幅 1∶500 比例尺的图构成 1 幅 1∶1000 比例尺的图，因此同一地区 1∶1000 比例尺的图幅的编号如图 4.5(c)所示。每 16 幅 1∶500 比例尺的图构成一幅 1∶2000 比例尺的图，因此同一地区 1∶2000 比例尺的图幅的编号如图 4.5(d)所示。

5. 空间数据分幅尺寸的确定原则

空间数据分幅的大小尺寸根据实际需要而定，可以是任意尺寸，但图幅也不能太大，否则在数据传输和处理过程中易造成计算机存储空间的溢出。

图幅划分尺寸根据实际需要而定，其划分的主要原则如下：

①为提高数据库的存取效率，按存取频率较高的空间分布单元划分图幅。

②为利于数据库的更新和维护，在定义图幅分区时，应充分考虑未来地图数据更新的图形属性信息源及空间分布。

③由于数据量过大，会造成查询分析效率低下；数据量过小，不便于数据管理。图幅划分时要保证基本存储单元具有较为合理的数据量。

6. 分层分块索引

在 GIS 数据模型逻辑设计过程中，按照层次结构组织空间数据，采用横向上按范围分块、纵向上按专题属性分层的数据组织管理方法，最终体现无缝的管理，将是一种有效的数据管理与组织形式。分层结构和分块结构是空间数据库从纵、横两个方向的延伸，是两种完全不同的划分方法。一个图幅可以按专题分成多个图层，也可以将一个图层按空间范围划分成多个图幅，如果需要，再将大块分为小块。在图层和图幅中，最基本的组成单位是空间对象。空间对象可以是基于矢量模型的要素，也可以是基于栅格模型的块数据。单个对象有点状地物、线状地物和面状地物三种类型，同时空间对象还包含有与之相关的属性数据，各空间对象包括对象 ID、描述该空间对象的几何数据和属性数据等组成部分。空间对象的一般属性，是指空间对象的名称、编号、周长、面积等属性，而图示属性，则用来描述如何显示空间对象，包括基本的画笔、画刷、颜色、字体等信息。空间数据库是图层和图幅的逻辑再集成。那么，图层与图幅之间、图层与图层之间以及图层与要素之间又是一种什么联系呢？它们之间的联系是用一种非常有别于属性实体的叠互式结构来表达的。只有把图层组织成图库时，图层间的关系才更清楚，通过图库可判断图层的相对叠置位置顺序和显示顺序，以及组成专题图时图层数据流之间的相互使用影响。图库由若干个空间数据图层及其相关属性数据组织而成，一个空间数据图层又是以若干个空间坐标的形式存储的。一般空间数据采用自上而下的层次模型结构，这一模型中图幅则是这个模型的最高层次，图层及其属性信息在这一模型中属于最基础层次，其逻辑组织模型如图 4.6 所示。上面的图层由多来源、多层次、不同类别的简单图层按一定的相互关系构造，而简单图层又由更简单的图层或基本图元组成。各层次之间是通过确定的代码相联系的，用户可以随时借助各级代码，调用全部或部分所需的图幅文件、信息层或图形要素，每一层数据有其相应的属性与空间等信息，叠瓦式层状数据的管理在物理上是分离的，层次结构不但描述方便，而且便于空间数据的有序管理。

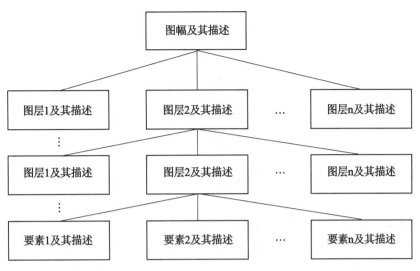

图 4.6 地理空间数据的逻辑组织模型

4.2 空间数据库的建立

在完成空间数据库的设计之后,就可以建立空间数据库。数据库的建立是一个费时间、费人力、成本高的工作,通常会耗费大量的精力。一般要经过资料准备和预处理、数据采集、数据处理、数据库建库等阶段。每个阶段又可分若干详细步骤,具体流程如图4.7 所示。

4.2.1 空间数据库的基本组成与建设方法

1. 空间数据库的基本组成

要建立空间数据库,不仅要建立数据库本身,还要准备包括相应的计算机硬件系统、操作系统、计算机网络结构、数据库管理系统、空间数据库管理系统和空间数据库管理人员等。

(1)空间数据库

空间数据库中的数据是按一定的数据模型组织描述和存储的,具有较小的冗余,较高的数据独立性和易扩展性,并可为各类用户共享。空间数据库从应用上说可分为基础地理空间数据库和专题数据库。基础地理空间数据库包括数字线划图(DLG)、数字高程模型(DEM)、数字正射影像图(DOM)以及相应的元数据(MD)。专题数据库(TD)包括土地利用数据、地籍数据、规划管理数据、道路数据等。

(2)空间数据库硬件系统

空间数据的获取、处理和存储都涉及一系列的硬件设备,包括影像数据的扫描、地图扫描、图形输出等。为有效地组织和管理空间数据,在建立空间数据库时,首先应根据需

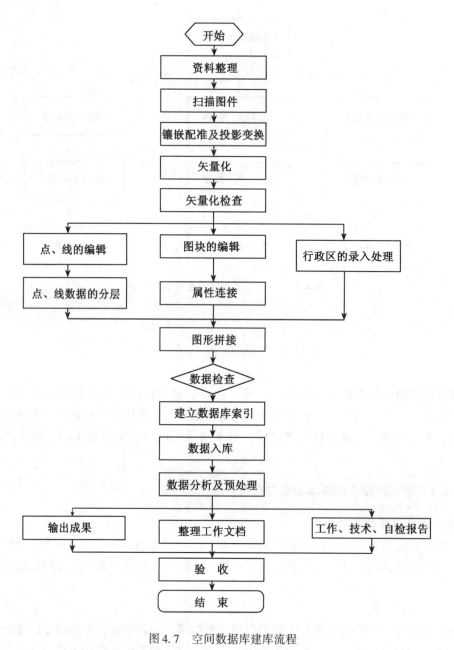

图4.7 空间数据库建库流程

要建立硬件系统,以便后续数据采集和数据装入数据库系统。

①空间数据输入/输出设备。输入/输出设备配置要求能满足空间数据获取和成果输出的各种需要。主要的空间数据输入设备有大幅面扫描仪、小幅面扫描仪、高精度航摄像片扫描仪、数字像机、GPS接收机、全站仪、测距仪、解析立体测图仪、数字摄影测量工作站等。空间数据获取及输入设备和技术指标见表4.4。

表4.4 主要空间数据采集及输入设备和技术指标

设备名称	主要用途	技术指标	常用品牌
大幅面扫描仪	地图扫描	幅面A0、分辨率≥400dpi、256灰度级或RGB彩色扫描仪	VIDAR ANATECH CONTEX
彩色扫描仪	像片及文档扫描	幅面A4、分辨率600×600dpi、24位或36位彩色扫描仪模式	HP、AGFA、KODAK、SHARP
数字像机	直接采集数字图像	分辨率1024×786dpi、24位彩色扫描模式、变焦倍数	SONY、KODAK、OLYMPUS、ROLLEI
高精度摄影像片扫描仪	航空底片扫描	幅面230mm×230mm、分辨率7μm彩色扫描仪模式	Z/I PHOTOSCAN、VEXEL
GPS接收机	采集点的坐标	接受方式、通道数、精度	TRIMBLE、LEICA
解析立体测图仪	航测法采集三维坐标解析空三加密测图	精度、软件及硬件平台、功能模块	ZEISS P3、C130、WILD、BC2、JX-3
数字摄影测量工作站	航测法采集三维坐标解析空三加密测图	精度、软件及硬件平台、功能模块	VIRTUOZO-NT、IMAGESTATION_Z、DPSI、DPW、JX-4

空间数据输出设备包括：图形显示终端、喷墨绘图仪、笔式绘图仪、胶片记录仪、刻图机、投影仪、激光照排机、打印机、立体观测系统、数据交换设备等。主要空间数据输出设备和技术指标见表4.5。

表4.5 主要空间数据输出设备和技术指标

设备名称	主要用途	技术指标	常用品牌
彩色显示器	图形和文字显示	分辨率≥1280×1024像素、尺寸≥17in，行扫描频率≥80HZ	NEC、SAMSUNG、PHILIP、EMC、宏碁、华夏
彩色喷墨绘图仪	图像与地图输出	输出幅面≥A0、分辨率≥600dpi	HP、EPSON、NOVAJET、CALCOMP
笔试绘图仪	矢量图形输出	输出幅面≥A1、分辨率≥0.01mm、笔数≥8支	HP、CALCOMP、ROLAND
胶片记录仪	胶片输出	记录介质：像纸、胶片；幅面尺寸35mm×35mm、分辨率≥1200dpi	KODAK、AgFa、INTERGRAPH

续表

设备名称	主要用途	技术指标	常用品牌
激光照排机	分色胶片输出	记录介质：像纸、胶片；幅面尺寸≥A1、分辨率≥1200dpi	KODAK、AgFa、INTERGRAPH
黑白激光打印机	文档输出	幅面尺寸≥A4、分辨率≥600dpi	HP、EPSON、CANNON、联想等
彩色喷墨打印机	略图打印和文档打印	幅面尺寸≥A4、分辨率≥600dpi	HP、EPSON、LEXMARK

②空间数据处理设备。空间数据种类繁多、空间数据量庞大、数据模型复杂，因此整个空间数据库系统对硬件资源提出了较高的要求，这些要求是：有足够大的内存以存放操作系统；有足够大的磁盘等直接存取设备存放数据；有足够的磁带(或软盘、光盘和U盘)作数据备份；要求系统有较高的通道能力，以提高数据传送率。系统中用来支持空间数据获取、数据处理和数据显示的数据处理设备可分为：服务器、图形工作站和微机等。

a. 服务器。一般应提供网络管理功能、数据库服务、文件服务和输入/输出服务等，应满足速度、内存容量、磁盘容量及输入/输出能力和可靠性等。服务器可以是一台高档微机、专门的图形工作站专用服务器等，内存一般在1024M以上，硬盘存储空间在30G以上。最好采用两个以上的CPU来加快处理速度，采用双电源、冗余磁盘阵列、双机热备份或容错计算机等手段来保证机器的可靠性，还可利用集群技术来进一步提高服务器的吞吐量。

b. 图形工作站。图形工作站这类计算机要求有高分辨率和大尺寸的图形显示器、高速CPU和硬件图形加速器、先进的内部系统总线和快速存储系统，可以满足复杂的几何图形处理。需要三维图形图像数据处理可配置三维硬件加速卡。工作站是空间数据处理的主要平台，常见的图形工作站有：运行在UNIX环境下的SGI、SUN、IMB、HP等。

c. 微机。微机主要完成空间数据的采集工作和研究开发任务。这类计算机品种繁多。

③存储及其他设备。

a. 存储设备。空间数据库系统数据存储设备的选择必须满足空间数据的安全高效存储以及大容量存储。冗余磁盘阵列可以满足大存储量、高速度和高可靠性，是高档服务器的必选设备，双机热备份是更保险的方法。存储设备还有：CD-ROM光盘库、磁带机和CD-R刻盘机等。

b. 电源设备。系统应采用不间断电源和隔离变压器联合的方式供电。不间断电源要选用在线式，要具有与计算机通信的接口以便计算机动态监测电源情况。不间断电源的相数取决于系统的容量需求，还要考虑断电后的维持时间。

c. 机房其他设备。为保证电子设备的正常运行，要求机房要配置空气调节系统，保证机房的湿度、温度、清洁度、离子浓度等指标达到国家标准。

(3) 建立或配置合适的空间数据库操作系统

操作系统是在底层与计算机硬件交互的软件，管理各种应用软件间计算机资源的共享。操作系统是计算机系统中运行权限最高的软件成分,它需要基本的硬件支持中断和定时器,以便对运行程序施加控制。操作系统提供以下服务:①硬件管理(中断处理和定时器管理);②进程管理;③资源分配(调度,分派);④存储管理和访问(I/O);⑤内存管理;⑥文件管理;⑦系统和用户资源的管理。

(4)数据字典

数据库除了包含应用数据外,还涉及很多非应用数据,诸如模式、子模式的内容,数据项的类型和长度,记录类型用户标示符和口令等,这些非应用数据是整个数据库系统的规范化解释机制。将这些非应用数据专门地组织起来,形成所谓的数据字典。

数据字典也叫数据目录,它是数据库设计与管理的有利工具。在数据的收集、规范化和管理等方面都要用到数据字典。虽然数据字典并非数据库所独有,但对于数据资源多、关系复杂和多用户共享的数据库来说,数据字典起着重要的作用。数据字典的主要内容是关于数据类型的登记表,给出数据的名字、定义、组成和属性。数据库的活动将参照这些信息进行。由于数据字典的内容比较复杂,显然也要对它进行严密的组织,为此也要用数据模型来予以描述。这种描述也有源形式和目标形式。包括模式表、子模式表、用户表、物理文件或区域表、内码与自然语言对照表、同义词的定义与表示等。由此看来,需要为数据字典设立一个询问机制,对数据字典中的信息进行查询、插入、修改、删除等操作,从而给数据字典赋予"数据库"的本质,即它是关于数据描述信息的一种特殊的数据库。由于数据字典中存储的主要是关于应用数据的定义数据,这种关于数据的数据是元数据(metadata),因而,作为特殊数据库的数据字典又称为元数据库,或叫做关于数据库的数据库。

(5)建立或选择合适的空间数据库管理系统

空间数据库管理系统是空间数据库的核心,是用户与操作系统之间的一层数据管理软件。现有的空间数据库管理系统一般由以下八个基本模块组成,如图4.8所示。

(6)空间数据管理员

在数据库的建立与使用过程中,数据库管理员一直是重要的组成部分,他们负责开发、管理和使用空间数据库系统。具体划分主要有:空间数据库管理员、系统分析员、应用程序员和最终用户。空间数据库管理员负责全面地管理和控制空间数据库系统。

(7)空间数据库用户

数据库用户是数据库的最终使用者,他们通过应用系统的用户接口使用数据库。系统为不同类型的用户设计了不同类型的用户界面。空间数据库的用户可以分为三种不同类型。

①空间数据采集人员。空间数据采集人员一般是测绘专业人员,使用先前已经写好的应用程序与系统进行交互,主要完成空间数据的采集工作。常用的接口方式有菜单驱动、表格操作、图形显示编辑和报表等。

②应用程序人员。编写程序的应用程序人员一般是计算机或地理信息系统专业人员。他们根据系统提供应用开发软件接口和空间数据库管理系统提供的内部数据模型进行应用系统开发。常用的开发软件接口有数据库开发环境、空间数据引擎等。

③专业用户。与地学有关的不同专业的用户,如林业、水利、环保、地质、土地、房

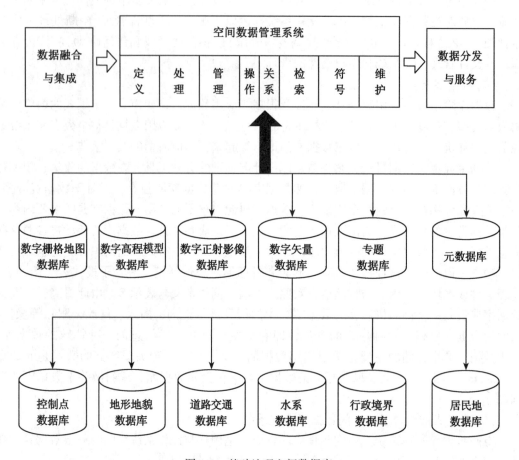

图 4.8 基础地理空间数据库

产以及规划等部门,将空间信息作为基础地理信息,加上本专业的专题信息构成本部门的信息系统。通过数据挖掘工具,从不同的途径检索空间数据、知识库和专家系统构成不同的辅助决策系统。

2. 选取空间数据库建设方法

空间数据来源不同,生产方法根据数据源的条件和建库区域不同而灵活选用。空间数据库建设的流程也不相同。基本原则如下:

①对于无图区域,采用基于解析测图仪的数字测图或全数字测图测制数字地形。

②对于地貌变化不大而地物变化很大的老地形图,应采用基于解析测图仪的数字测图、全数字测图或基于正射影像的地物要素采集重新测制数字地形图和地物要素层。

③对于地貌变化小而地物变化也不大的地形图,应采用地形图扫描矢量化或地形图更新的方法。

④已有新的大比例地形图时应采用缩编方法。

根据资料现状和可能获得的数据源,生产实施过程中作业方法的选择见表 4.6。

表 4.6　　　　　　　　　　不同数据源数据建库作业方法

作业方法	基本资料	补充资料
地图扫描采集	地形图、薄膜黑图	1. 最新行政区及境界变更资料 2. 现势地名资料 3. 最新交通图册 4. 动态 GPS 测量成果 5. 外业测量与调绘成果 6. 其他相关的现势性资料(现势性一般要求 3~5 年内)
解析测图仪测图	航空像片、控制成果、调绘成果	
全数字摄影测图	航摄像片或数字影像、控制成果	
解析测图仪更新	航摄、控制成果、外业调绘成果、矢量数字地形图	
标准地形图更新	航摄像片或数字影像、控制成果、调绘成果、调绘数据、判绘数据、矢量数字地形图	
非常规地形图更新	航摄像片、卫片或数字影像、控制成果、调绘数据、判绘数据	
地物要素层采集	航摄像片、卫片或数字影像、控制成果、调绘数据、判绘数据、数字高程模型矢量数字地形图、等高线要素层	

4.2.2　资料准备与预处理

1. 资料准备

根据空间数据库建立的需要,尽可能收集工作区范围内已取得的全部图件和资料,选用最新成果。大致包括:各种比例尺的地形图、地质图、矿产图及其文字报告;专题研究成果图件资料;物探、化探和遥感成果图件和报告;原始数据;天然和人工重新测量的成果图件和鉴定数据;同位素地质年龄样品分析数据资料等。

GIS 的数据类型随应用领域的不同而有所差异,但与管理信息系统相比都有数据类型繁多、数据量大的特点。从数据源的种类来分,可包括以下几种:

①实测数据。如野外实地勘测、量算数据,台站的观测记录数据,遥测数据等。

②分析数据。利用物理和化学方法分析获取的数据。

③图形数据。各种类型的专题地图以及地形图的图形记录资料等。

④统计调查数据。各种类型的统计报告、社会调查数据等。

⑤遥感/GPS 数据。利用遥感/GPS 技术获得的大量模拟或数字资料等。

资料是获取数字地形图数据的基础,对资料的分析和选择是否正确,直接影响数字地形图数据的质量。因此数字化作业前需要收集下列资料:

①最新出版的地形图、航片、卫片和影像资料;

②最新出版的中华人民共和国行政区划代码、世界各国和地区名称代码、行政区划简册、数字化区域的地名录;

③最新出版的交通资料和国家公布的交通信息;

④实测或编绘出版的最新基本比例尺地形图及有关现势资料;

⑤国家、省、县、乡公路线路名称和编码;

⑥中华人民共和国铁路路线名称代码;

⑦中华人民共和国铁路车站站名代码；
⑧全国河流名称代码；
⑨成图区域内的测量控制点成果。

2. 对建库资料的要求

数据源的质量对 GIS 数据库的数据质量有重大影响。不论建设何种 GIS 数据库，都需要保证建库基础资料的质量，包括数据内容、精度、现势性等各个方面。以土地利用数据库建设为例，建库资料应满足下述要求。

①资料内容：选择内容详尽、完整的标准分幅图，具有标准分幅图图廓点和千米网格点控制的分乡图以及图、数统一的表格等原始资料。与外业调查同步建库的可以采用经过内部验收合格后的图件资料，土地资源调查结束后建库的必须采用经过正式验收合格后的图件资料。

②资料精度：数据精度必须满足建库要求。新建设的大比例尺土地利用数据库往往要求开展新的土地详查，以获取高精度的土地利用数据。另外，要求图纸变形小，选择图幅控制点对原始图形进行纠正后，纠正中误差应小于 0.1mm。

③资料现势性：与数据库建设要求的时期一致。

④资料介质：图形资料优先选择变形小的聚酯薄膜介质的，纸介质的次之，也可根据情况选用正射影像图。

⑤资料形式：优先选择数字形式的资料，非数字的次之。

3. 资料分析

资料分析要从以下几个方面着手：

①地图资料要查明地图的出版机关、出版年代、比例尺、成图方法、精度、采用资料的来源、数学基础(包括坐标系、高程系、等高距)、各要素内容与现状的符合程度、采用的图式及特点说明等；

②航片、卫片和影像资料要查明摄影参数；

③对参考资料分析着重研究资料来源的可信度、内容的现势性和完整性，以确定这些资料的使用程度，补充或修改原图的内容；

④对补充资料分析着重研究出版机关、年代和特点及转标这些内容的方法，如政区图、交通图、水利图等现势资料；

⑤掌握成图区域的地理景观和地理特征，通过对文字、图表及样图的分析，规定一些处理原则，使作业人员掌握成图区域特点，以保证数字地形图数据模型与实地地理特点相适应及各要素层的合理表达。

4. 资料预处理

资料预处理主要包括对不同类型的资料的处理，这里主要介绍对数字化资料、非数字化资料及影像资料的预处理。

对于数字化资料、现有数据或数据库的预处理，需要根据空间数据库的设计，对现有数据库的数据项进行选择，对数据项项名、类型、字长等定义进行调整，对数据记录格式进行转换等。

对于需要进行数字化的资料，预处理工作的内容根据所选资料本身的情况而定，主要内容包括以下两个方面。

(1)数字化底图的检校

全面了解数字化区域情况及作业时应注意的事项。检查数字化底图是否符合要求。检查数字化底图与相邻图幅的接边情况；线状要素的连续性(如道路、河流、境界的走向、命名、级别是否一致)；检查地理要素之间的关系是否正确。例如，等高线是否连续、相接，与水系的关系是否正确等。检查面状要素(如水域、植被、街区、土质、沼泽等)是否闭合，按背景要素进行闭合处理；根据现势资料校正行政村以上地名。将图面预处理中发现的重大问题及处理意见记录在图例簿中。

(2)数字化底图的图面预处理

在数字化前，需进行必要的图面处理，如将不清晰或遗漏的图廓角点标绘清楚，为数据的精确配准奠定基础，将模糊不清的各种线状图件进行加工，以减少数字化和数据编辑处理的工作量。主要包括以下内容：

①添补不完整的线划，将模糊不清或因模拟形式的局限而中断的各种线状图形进行加工。例如，被注记符号等压盖而间断的线划，境界线以双线河、湖泊为界的部分，道路遇居民地中断部分，均以线划连接，以便作为一条连续完整的线来采集。

②标出同一条线上具有不同属性内容线段的分界点等，以便数字化时赋予不同的属性值。

③将不清晰或遗漏的图廓角点标绘清楚，以便于图幅配准。

④对图面上的各种注记标示清楚，包括图廓内外各种注记。例如，土地利用图中有文字注记、地类注记、水系注记、道路注记、地形注记和图廓注记等。

对于影像数据处理：当原始影像资料为像片时，要进行影像扫描数字化，获取数字影像数据。在进行影像扫描数字化时，要选用经检验合格的扫描仪，必要时要对扫描仪的扫描精度和扫描影像质量等技术指标重新进行鉴定。扫描影像像元的大小应根据像片比例尺的大小确定，由影像像元大小和摄影比例尺计算出的像元地面分辨率。扫描影像的清晰度、反差、亮度以及几何精度等都应满足人工判读和量测的要求，其影像质量不得明显低于原始像片的影像质量。扫描影像数据以 IBM PC 非压缩 tif 格式(或其他标准格式)保存。影像定向包括内定向和后方交会。内定向的目的是确定扫描坐标系同像片坐标系的关系，同时解算像片主点的坐标。后方交会的目的是利用一定数量的地面控制点及其在像片上的相应像点坐标解算像片在曝光瞬间的空间位置和姿态参数。

在进行影像定向作业时，要求点的量测精度对应图面输出不超过 0.1mm，要有多余量测。平差后的余差，内定向控制在一个像素内，后方交会控制在三个像素内，后方交会最好直接利用内业立体加密成果。

当原始影像资料为卫星影像时，卫星影像定向参考航空影像作业方法进行。此外，在卫星影像的空间后方交会中，由于要求解 12 个外方位元素，故必须有 9 个以上控制点，均匀分布在四周。正射影像图定向是为了确定正射影像坐标与地面坐标之间的关系。定向时，要在影像 4 个角各选一个定向点(一般为图廓点)，要求定向点误差不得大于 5m(地面坐标)。

4.2.3 数据采集

1. 数据采集原则

数据采集必须首先制定基础地理信息要素分类与编码规范和空间数据库建立作业细则。对于数字化资料,要根据数据库标准,对原数据库进行补充和转换,防止数据转换中的数据丢失和误差,并及时给予纠正。地理空间数据获取主要是矢量结构的地理空间数据获取,包括空间位置数据和属性数据的获取。

在空间数据采集时一般要遵循以下原则:

①内图廓线、方里网应由理论值生成。当内图廓线为多边形边线时,应采集内图廓线使多边形闭合。数字化图廓点的顺序为左下角点、右下角点、右上角点、左上角点。线状要素采集其中心线或定位线。有方向的线状要素将辅助要素放在数字化前进方向的右侧。线状要素被其他要素隔断时(如河流、公路遇桥梁等),应保持线状要素的连续,采集时不间断。

②线、面状要素数字化的采点密度以线、面状要素的几何形状不失真为原则,采点密度随着曲率的增大而增加,曲线不得有明显变形和折线。线状要素中的曲线段和折线段应分开采集。曲线中的平直线段应作为直线采集,不作曲线采集,但曲线与直线连接处变化应自然。如铁路、公路的直线段。

③点状要素采集符号的定位点。有方向的点状要素还应采集符号的方向点,其中第一点采集符号定位点,第二点采集符号方向点。

④面状要素采集轮廓线或范围线。所有面域多边形都必须有且仅有一个面标识点。对于面状要素,如果其边线不具备其他线状要素的特征,在没有特殊说明的情况下,其边线属性码采用由面属性决定的边线编码,作为背景的面状要素赋要素层背景面编码。面状要素被线状要素分割时,原则上作为一个多边形采集(如居民地被铁路分割、河流被桥梁分割等),被双线河或其他面状地物分割时,应根据实际情况处理为一个或多个多边形。

⑤具有多种属性的公共边,只数字化一次(如河流与境界共线、堤与水域边线共线),其他层坐标数据用拷贝生成,并各自赋相应的属性代码或图内面域强制闭合线编码。同一层中面要素的公共边不需拷贝。

⑥凡地形图上没有边线的面状要素,其边界属性编码用图内面域强制闭合线编码(如沼泽、沙漠等)。

⑦所有图幅都要接边,包括跨带接边。当接边差小于0.3mm(实地15m)时,可只移动一方接边。原图不接边的要进行合理处理,如果两边都有要素且接边误差小于1.5mm时,则两边各移一半强行接边,接边时要保持关系合理。如果只有一边有要素,则不接边。

在同一要素层中建立拓扑关系。要素层与要素层之间不建立拓扑关系。同一要素层中不同平面的空间实体不建立拓扑关系。需建立拓扑关系的要素包括:所有面状要素、交通层中的公路、水系层中的单线河流等。

⑧当要素分类不详时,输入要素的大类码;分类明确时,输入要素的小类码。如陡岸分类不详时,输入陡岸编码;分类明确时,输入石质和土质陡岸编码。

2. 数据采集方法

在空间数据采集时，会根据建立数据库的需要，采用不同设备的技术，对多种来源空间数据进行编辑处理与录入。空间数据获取方法主要有四种：利用扫描数字化地图进行空间数据自动或半自动采集；利用遥感影像提取空间数据来建立数据库；利用卫星定位系统和测量仪器外业数据采集；利用空间数据编辑处理功能以人机交互方式采集空间数据同时录入必要的属性数据。

(1) 数字化方式

目前，较常使用的数字化方式有手扶跟踪数字化、扫描数字化和屏幕数字化三种。表4.7 从设备要求、使用要求和使用时的注意事项三个方面对三种数字化方式进行比较。

表4.7　　　　　　　　　　三种常用数字化方式的比较

项目	扫描数字化	手扶跟踪数字化	屏幕数字化
设备要求	需要一定的扫描设备和配套的栅格编辑和矢量化软件	要求待定的手扶跟踪数字化仪器	扫描数字化设备以及屏幕数字化软件
使用特点	速度快、精度高、劳动强度低	处理简单图形效率较高；也适用于更新和补充少量内容	精度较高，劳动强度较低
注意事项	需要规定最低分辨率和采点密度。扫描影像时，应考虑软硬件的承受能力和查询显示速度	分为点方式和流方式，应结合图形特点分别选用，一般多采用点方式	选择适当比例进行数字化，在精度要求下尽量减少数字化的工作量

(2) 手扶跟踪数字化

是把图形数字化成矢量数据。数字化仪输入方式，按划分好的图层和已标识的用户标识号顺序逐一数字化。具体如何操作和注意事项见相应的操作说明。

(3) 扫描数字化

扫描数字化是利用扫描数字化地图进行空间数据自动或半自动采集，将扫描数字化地图(以栅格格式)作为地图图像层中的图像块进行存储，输入必要的控制点信息，进行配准和图像式样调整等处理，在地图图像层的基础上进行空间数据采集。

利用遥感影像提取空间数据来更新数据库，将遥感影像进行正射影像改正，以正射影像形式作为图像块背景进行存储，输入必要的控制点信息，进行配准和图像式样调整等处理。在遥感影像基础上进行空间数据提取。

在显示扫描数字化地图和遥感影像条件下利用地理数据编辑与处理功能以人机交互方式采集空间数据，同时录入必要的属性数据。

在扫描数字化地图和遥感影像为底图背景显示的基础上，利用点、线、面地理空间实体进行空间数据采集，采集的数据作为一个矢量数据层来存储。

原始资料采用分版地形图，若无分版地形图，可用纸质地形图来代替。通过扫描仪的CCD 线阵传感器对图形进行扫描分割，生成二维阵列像元，经图像处理、图幅定向、几何校正、分块形成一幅由计算机处理的数字栅格图。通过人工或自动跟踪矢量化、空间关系建立、属性输入等获取矢量空间数据。地形图制作流程图如图4.9所示。

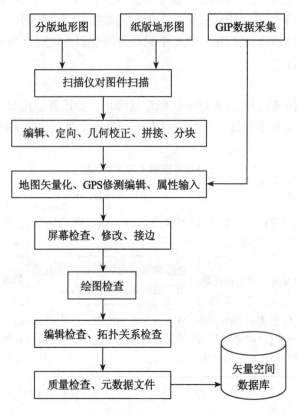

图4.9 地形图数字化流程图

3. 主要空间数据的获取方法

(1) 测量控制点

各级测量控制点均应采集，并作为实体点空间实体数字化。测量控制点的名称、等级、高程、比高、理论横坐标、理论纵坐标作属性输入。测量控制点名称在图上不注出时，注记编码为"O"。测量控制点与山峰同名时，注记编码赋山峰注记编码，山峰名称不单独采集。独立地物作为控制点时，分别在相应要素层中采集控制点和独立地物。作为控制点采集时，在类型中加"独立地物"说明。

(2) 居民地

采集要素有街区，依比例表示的突出房屋、高层房屋、独立房屋和破坏的房屋。街区中的突出房屋、高层房屋不区分性质，统一用街区符号表示。

选取的要素有小居住区、独立房屋和窑洞。多个独立房屋构成的居民地，选择其主要位置(逻辑中心)的房屋赋地名，其他独立房屋不赋地名，有名称的居民地应采集，分散且无名称的独立房屋和窑洞可适当舍去。不依比例尺表示的独立房屋、突出房屋、小居住区及窑洞按有向点数字化。半依比例尺表示的独立房屋按线空间实体数字化。成排的窑洞按线空间实体数字化，窑洞符号在数字化前进方向的右侧。

依比例表示的独立房屋、突出房屋、高层房屋、街区按面空间实体数字化。街区式居民地采集外围轮廓线，赋街区边线属性，街区面域赋普通街区属性编码，街区中的广场空地面积大于 $8mm^2$ 应采集，街区边线可作为其范围线，以道路或街道为边线时，以图内面域强制闭合线使面域闭合。运动场、水域等面状要素在街区中应空出。街道或道路两侧均为街区时，街区边线不采集；街道或道路一侧有街区另一侧没有街区时，街区边线应在有街区一侧自行封闭。街道在交通层中采集。

（3）陆地交通

采集要素有标准轨复线铁路和单线铁路（含电气化铁路和高速铁路）、窄轨铁路、铁路车站、建筑中的铁路、国道、省道、县乡公路及其他公路、建筑中的各级公路、主要街道、地铁出入口、隧道、加油站、机场、能起降飞机的公路路段。选取的要素有次要街道、大车路、乡村路、小路、山隘、桥梁、渡口。公路属性应输入编码、名称、铺面类型、技术等级、国道编号、省道编号、路面宽度和铺面宽度等。

公路编号用大写字符半角输入，县及县以下公路可不输入名称和编号，公路名称和编码依据《国家干线公路线路名称和编码》和交通图现势资料确定。

两条以上公路汇合的重复路段。只表示高级道路的名称和编码，同级道路拷贝几何数据，分别表示各自的名称和编码。

公路交叉点和属性变换点（如水泥路面和沥青路面交界点）均为公路线空间实体的分割节点，属性变换点位置应根据图上居民地和道路附属物等合理确定，一般以居民地或道路附属物作为属性变换点。

（4）境界与政区

采集的要素有已定国界、未定国界、省（含自治区、直辖市）界、地区（含地级市、自治州、盟）界、县（含自治县、旗、自治旗、县级市）界、特别行政区界；县（含自治县、旗、自治旗、县级市）政区、特别行政区；界碑、界桩、界标。各级境界按连续的线空间实体数字化，一般应组成封闭的多边形。对延伸到海部的境界线，拷贝海岸线数据使面域闭合，赋图内面域强制闭合线属性，延伸到图廓线的境界，以图廓强制闭合线闭合。若境界在海湾或河流入海口中部，汇合点应选择海岸线与境界线最接近之处，海岸线与境界线之间加图内面域强制闭合线，使其闭合。穿过海岸线延伸到海部的境界，作为线空间实体数字化，不必形成封闭面域。海洋中的分段国界，按图上的线段位置中心线数字化，不必形成封闭面域。境界以单线河、道路等线状地物为界时，拷贝相应线状地物坐标数据，赋相应境界代码。境界以河流中心线、主航道线或共有河为界时，按图形（或影像）中心线或主航道数字化，地图上沿河流两侧跳绘的境界不再数字化，并在境界类型说明中输入"中心线"、"主航道"或"共有河"。

（5）植被

选取的要素有植被：选取图上面积大于 $1cm^2$ 的套色植被。植被只输入类型属性。植被用航测方法更新边界，根据航片和地形图判定属性，新增加植被属性判读不清时，输入森林属性。地类界作为植被面域的分界线数字化时，必须赋地类界属性。植被范围线与地类界相交处均应作为节点，被其他线状地物（如河流、公路、铁路等）所取代的地类界，应从相应层拷贝其坐标到植被层，赋图内面域强制闭合线属性。植被面域不闭合的地方，应根据地类界(或其他线状地物)的延伸方向将其闭合。

4.2.4 数据处理

空间数据处理主要包括对空间数据的编辑与处理、拓扑编辑与处理、坐标变换、图幅拼接处理、图形投影变换、图形的几何纠正及属性数据的录入。

空间数据编辑内容主要包括扫描影像图数据的编辑处理，包括彩色校正、几何纠正等；空间数据的精度检查、影像图数据的匹配、节点平差、图幅拼接、拐点匹配、行政界编辑、权属编辑、地类界编辑、数据的几何校正、投影变换、接边处理和要素分层等；属性数据的记录完整性和正确性检查与修改等；在数据编辑处理阶段，应该建立和完善图形数据与属性数据之间的对应连接关系。

1. 数据编辑与处理

分幅数字化完成后，作业员对完成的图幅进行检查，发现错误及时编辑改正。图形要素和注记中可能存在的错误类型主要有：

①线要素遗漏、采集不完整或重复。不完整的表现包括线要素未闭合到边界或者有间断。改正方法是补充采集遗漏的线要素、填补不完整的线划、删除重复的线划或者重复的部分。

②线要素的位置不正确。产生的原因可能是拷贝错了附近的一条线，或者手工绘。

③线要素的要素代码不正确。改为正确的要素代码。

④变形。采用扫描数字化或手扶数字化时，图纸变形会导致数据误差。应采用控制点纠正变形。

⑤注记遗漏、重复或参照比例尺不正确。

⑥注记的要素代码不正确。改为正确的要素代码。

⑦注记的字体、大小、颜色和间距不正确。我们使用自编程序根据要素代码自动纠正。

无论采用哪种数字化方式，上述错误都不可能完全避免。因此，数据检查与错误改正是非常必要的。上述错误的检查方法为：

①在屏幕上用地图要素对应的符号显示数字化的结果，对照原图检查错误。

②把数字化的结果绘图输出在透明材料上，然后与原图叠加以便发现错漏。

③使用不同符号区分要素代码不同的线要素，以检查线要素的要素代码赋值是否正确。

④对于等高线，依据等高距关系，编制软件来检查高程的赋值是否正确。

⑤对于面状要素，使用拓扑检查工具来检查其是否闭合。

⑥对于注记要素，检查其参照比例尺是否正确，或者观察它在设定的比例尺下是否有正确的字体大小。

⑦注记要素的要素代码检查，通过关闭所有其他要素代码值的注记来发现错误。因为注记的属性决定了它的显示特征，其显示特征不能随意调整，因此只能逐个注记类进行检查。

2. 拓扑编辑与处理

在空间数据库中空间拓扑关系的核心是建立点(或称节点)、线(或称弧段)、面(或称多边形)的关联关系，这里归结为点、线拓扑关系的自动建立和多边形拓扑关系的自动建立。如何根据原始地理空间数据正确、自动、快速地建立地理实体之间的拓扑关系，是空间数据库管理系统的重要功能之一。所获取的点、线、面地理实体数据的空间关系建立，可采用手工编辑和自动生成两种方法。复杂的空间关系，一般采用人工输入方法；在二维平面上简单的点-线、线-面拓扑关系可以基于数学算法由计算机自动生成。

矢量化后的各图层，利用 GIS 软件提供的功能建立拓扑关系，在建立拓扑关系时会发现图形数据错误，要进行编辑、修改，再重新建立拓扑关系，这一过程可能要做多次，直到数据正确为止。

(1) 拓扑检查与编辑

空间客体除具有位置、形状等图形特征外，还有重要的空间关系特点，必须使用软件功能对空间对象的拓扑特征进行检查，消除不合理的悬挂弧段，对多边形边界进行闭合处理。以土地利用图为例，行政区划、权属区、图斑界线应该完全闭合，没有欠头或出头的悬挂弧段。ArcGIS 集成了拓扑功能，可以在建立拓扑的基础上，验证拓扑关系并标出所有拓扑错误。在 ArcCatalog 环境下建立拓扑，在 ArcMap 环境下显示并纠正拓扑错误。除线状地物外，行政区划、权属区、图斑界线都不允许有悬挂弧段。隐藏线状地物之后，显示出的其他拓扑错误必须全部纠正。Arc/Info 等其他软件也能进行拓扑关系的检查和处理。

(2) 多边形生成

地图数字化过程中通常不直接生成多边形，而是采集多边形的边界线，生成要素层。在拓扑检查并闭合多边形边界线的基础上，可以使用软件功能由边界线生成多边形。ArcGIS 可以方便地使用已有的线要素类，生成新的多边形要素类。土地利用数据库建设中，多边形生成应在完成拓扑检查和数据分层(线状地物应分离出去)之后进行。每个多边形要素层可以使用若干个线要素层来创建。例如，如果行政区划、权属区和图斑界线三个要素类单独存在，生成图斑多边形要素类时应该使用这三个线要素类来生成。线状地物、图廓外线要素不参与多边形生成，应事先分离出去。生成多边形之前，应事先进行拓扑处理，纠正所有拓扑错误，以保证生成多边形的质量。通过拓扑编辑处理，消除所有不合理的出头或欠头的悬挂弧段，使多边形严格闭合，然后生成多边形。

多边形生成的技术要点是：

① 设置编辑环境，显示所有悬挂弧段。
② 删除所有弧段出头造成的悬挂弧段。
③ 延伸所有短的弧段欠头造成的悬挂弧段，使其闭合到其他边线。
④ 使用拓扑处理命令建立多边形。

(3) 点—线拓扑关系生成

点—线拓扑关系是最常用的要素拓扑关系，如道路网络拓扑关系，也是建立线-多边形关系的基础。建立点-线关系常见的方法是节点匹配算法。首先根据地理空间数据的精度选择合适的匹配限差(如 0.1m)，计算机自动把满足匹配限差的线段首末点归结为一点，然后建立点与线段的拓扑关系。

(4) 线—多边形拓扑关系生成

多边形是地理空间数据中的基本图形类型，常用来描述面状分布的地理要素。平面上一条不相交的有向封闭线所形成的图形为多边形，该线即为多边形的边界。按左手法则，若边界的前进方向左侧为多边形区域，则该方向为多边形边界的正向。如果线的采集方向与多边形边界的正向一致，线段方向记为正，反之记为负。一般情况下，一条线分别为两个不同多边形的边界，在这个多边形中为正，在另外一个多边形中肯定为负。多边形自动生成是空间数据组织管理的重要功能。多边形生成的基本思想是：从点与线段的拓扑关系中的第一节点对应的第一线段开始，沿逆时针方向搜索它所对应的多边形，通过对该线段下一节点所对应的其他线段的计算方位角的判断，确定该多边形的下一后继线段；再以该后继线段的下一节点判断其后继线段，直到回到起始节点。然后跳转点与线段的拓扑关系中的第一节点所对应的下一线段，重新开始搜索另一多边形，直到第一节点所对应的线段全部搜索完毕。在转入点与线段的拓扑关系中的下一个节点，按上述规则重新开始，直到生成了完整而不重复的线-多边形拓扑关系。

(5) 拓扑关系检查

由于空间位置数据采集误差和匹配失误（匹配限差选择不当），出现部分线段的首末点与其他线段无邻接关系，导致某些多边形不封闭。这些误差最有效的检查手段是图形可视化。"连通性搜索"可完成拓扑连接的初步或概略检查；"显示节点的度"可完成拓扑连接的精确检查；"指定点"、"搜索最短路"可计算任意两点间最短路径，用以对照图形进行检查。利用可视化方法检查空间拓扑关系。

通过拓扑检查或其他检查方式发现的问题，要对相应的图形进行编辑和修改，修改后的图形必须重新进行拓扑。对拓扑的结果还需进行再次细致检查，此过程要反复多次，直至基本无问题。另外还要通过图形编辑，如加内点、移内点等操作对照底图图像做进一步修饰，使图形达到既有精度又尽量美观的效果。

3. 坐标变换

纠正地图在进行数字化时产生的整体变形，或者要把数字化仪坐标、扫描影像坐标变换到投影坐标系，或两种不同的投影坐标系之间进行变换时，需要进行相应的坐标系统变换，这个过程统称为坐标几何变换。

坐标变换包括数字化仪坐标和扫描影像的坐标与大地坐标的变换，以及两个不同的大地坐标系的变换。

(1) 相似变换

相似变换主要解决两个坐标系之间的变换，如数字化仪坐标到投影坐标之间的变换。例如设 XOY 为新的平面直角坐标系如地面大地坐标系，$xo'y$ 为旧的平面直角坐标系如数字化仪坐标系，两个坐标系之间的夹角为，$xo'y$ 相对于 XOY 坐标系的平移距离为 A_0，B_0，两坐标系之间坐标的比例因子为 m，则根据坐标变换原理，可写出变换公式为：

$$X = m(x\cos\alpha - y\sin\alpha) + A_0 \tag{4-1}$$
$$Y = m(x\sin\alpha + y\cos\alpha) + B_0$$

令
$$A_1 = m\cos\alpha$$
$$B_1 = m\sin\alpha$$

则上式可简化为：

$$X = A_0 + A_1 x - B_1 y$$
$$Y = B_0 + B_1 x + A_1 y \tag{4-2}$$

计算这种变换，至少需要对应的坐标系的两个对应控制点，计算四个变换参数。

(2) 仿射变换

如果坐标在 X，Y 方向上的比例因子不一致，如图纸存在仿射变形，此时需要采用仿射变换公式。令 m_1 和 m_2 分别表示 X 和 Y 方向的比例尺，则变换公式为：

$$X = m_1(x\cos\alpha - y\sin\alpha) + A_0$$
$$Y = m_2(x\sin\alpha + y\cos\alpha) + B_0 \tag{4-3}$$

令 $\begin{matrix} A_1 = m_1\cos\alpha & A_2 = -m_1\sin\alpha \\ B_1 = m_2\sin\alpha & B_2 = m_2\cos\alpha \end{matrix}$,

则上式简化为

$$X = A_0 + A_1 x + A_2 y$$
$$Y = B_0 + B_1 x + B_2 y \tag{4-4}$$

在数字化仪定向和扫描地图定向中，一般总是多于两个或三个定向点，以便提高定向精度和发现定向点的误差。因此计算这种变换，至少需要对应坐标系的三个对应控制点，计算六个变换参数。

4. 图幅接边处理

在数字化地图时，有时由于图幅较大，或者使用的是小型的数字化仪，就需要分幅进行数字化操作。在 GIS 的应用中，在数字化输入后，为了建立无缝图层，就需要将分幅的数字化地图进行合并，以保持图面数据空间连续。数据接边就是把被相邻图幅分割开的同一图形对象不同部分拼接成一个逻辑上完整的对象。

由于图幅的拼接总是在相邻两图幅之间进行的。要将相邻两图幅之间的数据集中起来，就要求相同实体间的线段或弧段的坐标数据相互衔接，在图形接边的同时要注意保持与属性数据的一致性，图幅接边处理主要有以下四个步骤：

(1) 逻辑一致性的处理

由于人工操作的失误，两个相邻的图幅的空间数据库在结合处可能出现当一个地物在一幅图的数据文件中具有地物编码 A，而在另一幅图中的数据文件却具有地物编码 B，或者同一个地物在两个数据文件中具有不同的属性，被称为逻辑裂隙。此时，必须使用交互编辑方法，使两相邻图斑的属性相同，取得逻辑一致性。

(2) 识别和检索相邻图幅

将待拼接的图幅数据按图幅进行编号，编号有两位，其中十位数指示图幅的横向顺序，个位指示纵向顺序，并记录图幅的长宽标准尺寸。因此，当进行横向图幅拼接时，总是将十位数编号相同的图幅数据收集在一起；进行纵向图幅拼接时，将个位数编号相同的图幅数据收集在一起，如图 4.10 所示。

其次，图幅数据的边缘匹配处理主要是针对跨越相邻图幅的弧段或弧而言的，为了减少数据容量，提高处理速度，一般只提取图幅边界 2cm 范围内的数据作为匹配和处理的目标。同时要求，图幅内空间实体的坐标数据已经进行过投影转换。

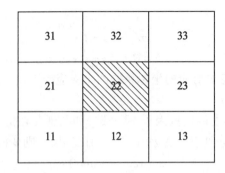

图 4.10 图幅编号及接图范围

(3)相邻图幅边界点坐标数据的匹配

相邻图幅边界点坐标数据的匹配采用追踪拼接法。追踪拼接有四种情况,只要符合下列条件,两条线段或两条弧段即可匹配衔接;相邻图幅边界两条线段或弧段的左右码各自相同或相反;相邻图幅同名边界点坐标在某一允许范围内(如±0.5mm)。

匹配衔接时是以一条弧段或线段为处理单元,因此,当边界点位于两个节点之间时,需分别取出相关的两个节点,然后按照节点之间线段方向一致性原则进行数据的记录和存储。

(4)相同属性多边形公共边界的删除

当图幅内图形数据完成拼接后,相邻图斑会有相同的属性。因此,应将相同属性的两个或多个相邻图斑合并成一个图斑,即消除公共边界,并对共同属性进行合并。

多边形公共边界的删除,可以通过构成每一面域的线段坐标链,删去其中共同的线段,然后建立合并多边形的线段链表。对于多边形的属性表,除多边形的面积和周长需要重新计算外,其余属性保留其中之一图斑的属性即可。

图幅接边要在限差范围内进行。以土地利用分幅为例,相同比例尺之间的数据接边,限差为图面单位的1cm所代表的实地距离。不同比例尺的数据接边时需要根据不同的比例尺的接边限差来接边。不同比例尺的接边限差如表4.8所示。

表 4.8　　　　　　　　　　数据接边限差表

单位:米

	1:5千	1:1万	1:2.5万	1:5万	1:10万	1:25万
1:5千		10	25	25	50	50
1:1万			25	50	50	75
1:2.5万				50	75	75
1:5万					100	100
1:10万						100
1:25万						

注:引自《县(市)级土地利用数据库建设技术规范》

5. 地图投影转换

空间数据库中的数据大多来自于各种类型的地图资料，这些不同的地图资料根据成图的目的与需要的不同采用不同的地图投影，同一工作区可能利用不同比例、不同投影的图件，在拼接图层之前应先进行投影转换，使最终形成的图层均投影到一个坐标系统。另外，图幅的投影不符合规定时也需进行投影变换。例如，按国家规范要求，县(市)级土地利用数据库的数据投影方式采用3°分带的高斯投影。其中，当行政区域跨过两个以上3°带时需平移中央经线，取整得3°分带的高斯投影。如果数据源的投影方式与要求不吻合，也需要进行投影转换。通过投影变换，用共同的地理坐标系统和直角坐标系统作为参照来记录存储各种信息要素的地理位置和属性，保证同一空间数据库内的信息数据能够实现交换、配准和共享。

投影转换的方法可以采用：正解变换、反解变换和数值变换。

(1) 正解变换

通过建立一种投影变换为另一种投影的严密或近似的解析关系式，直接由一种投影的数字化坐标(x, y)变换到另一种投影的直角坐标(X, Y)。

(2) 反解变换

即由一种投影的坐标反解出地理坐标$(x, y) \to (B, L)$，然后将地理坐标代入另一种投影的坐标公式中$(B, L) \to (X, Y)$，从而实现由一种投影的坐标到另一种投影坐标的变换$(x, y) \to (X, Y)$。

(3) 数值变换

根据两种投影在变换区内的若干同名数字化点，采用插值法、有限差分法、有限无法或待定系数法等，从而实现由一种投影的坐标到另一种投影坐标的变换。

6. 几何纠正

图形数据在进入地理数据库之前还需进行几何纠正，以纠正由纸张变形所引起的数字化数据的误差。几何纠正要以控制点的理论坐标和数字化坐标为依据来进行，最后应显示平差结果。现有的几种商业 GIS 软件一般都具有仿射变换/相似变换、二次变换等几何纠正功能。仿射变换是 GIS 数据处理中使用最多的一种几何纠正方法。它的主要特性为：同时考虑到 x 和 y 方向上的变形，因此，纠正后的坐标数据在不同方向上的长度比将发生变化。

①由于受地形图介质及存放条件等因素的影响，使地形图的实际尺寸发生变形。

②在扫描过程中，工作人员的操作会产生一定的误差，如扫描时地形图或遥感影像没被压紧、产生斜置或扫描参数的设置等因素都会使被扫入的地形图或遥感影像产生变形，直接影响扫描质量和精度。

③遥感影像本身就存在着几何变形。

④由于所需地图图幅的投影与资料的投影不同，或需将遥感影像的中心投影或多中心投影转换为正射投影等。

⑤由于扫描时，受扫描仪幅面大小的影响，有时需将一幅地形图或遥感影像分成几块扫描，这样会使地形图或遥感影像在拼接时难以保证精度。对扫描得到的图像进行纠正，主要是建立要纠正的图像与标准的地形图或地形图的理论数值或纠正过的正射影像之间的

变换关系。目前，主要的变换函数有：双线性变换、平方变换、双平方变换、立方变换、四阶多项式变换等，具体采用哪一种，则要根据纠正图像的变形情况、所在区域的地理特征及所选点数来决定。

7. 属性数据录入

通常在数据分层和拓扑处理之后录入属性数据。对于多边形空间对象，显然只有在多边形生成之后才可能录入其属性数据。键入法和光学识别技术是属性录入的两种基本方法。键入法最常用，大多数属性数据都是手工录入的。属性数据一般采用批量录入的方式，分要素类批量录入该要素的各个实体的属性信息，然后使用关键字（如图斑编号）连接图形对象与属性记录，其作业效率相对较高。例如，对于土地利用数据库，在图斑多边形生成之后，以镇、街道办事处为单位，以外业调绘记录表为依据批量录入各个地类图斑的属性数据，然后使用关键字连接图形和属性信息。

4.2.5 空间数据库建库

以土地利用规划数据库为例，其以记录坐标的方式来表示点、线、面、体的位置及空间关系，包括了空间数据库和属性数据库，两者可通过内部唯一的标识码进行连接。具体涉及了土地利用规划数据库内容、存储方式、交换格式、土地利用规划信息的分类与代码、规划数据文件的命名规则、规划要素的分层、数据结构及元数据等方面。利用所选的GIS基础软件的数据库管理功能，将经过编辑处理的图形数据进行入库处理，建成数据库实体。数据库内容包括：数据字典、数据索引、分层数据。其中，数字字典和数据索引是辅助数据，分层数据是主体。

建库过程可分为五个步骤：

①数据字典和数据索引的生成。数据字典是关于数据库中对相关属性字段名和字段值以及数据描述等以统一规定的形式进行定义并建立的定义数据库。建立数据字典的目的是保证数据的规范性、高效性和可维护性，方便数据管理。数据字典也叫数据目录，它是数据库设计与管理的有利工具。

数据索引是指对土地利用数据库建立的空间索引，目的是为了提高数据检索的效率。数据索引可分为分幅索引和分行政区索引，以方便对各个图幅内数据检索和对各个行政区划单元的数据检索。

②图形与属性数据库的建立。把数据装入库，在装入数据之前要做许多准备工作，如对数据进行整理、分类、编码及格式转换等。装入的数据要确保其准确性和一致性。通过入库处理，将分层数据导入到目标数据库中，根据数据库设计要求，按空间单元划分（分幅或者分行政单元）存储单元建立各个子数据库，或者将所有数据合并为一个存储单元建立无缝数据库。

③设立用户密码、规定用户使用权限。为保证数据的安全和保密，在建立数据库实体时，应当同时建立密码和设定权限，控制对数据库的读、写、修改等操作。

④软件系统与数据的融合检查。

装入数据库的数据要确保其准确性和一致性。数据入库以后，要进行严格的数据逻辑检查。如发现错误或矛盾之处，要即时记录并修改。因缺乏依据无法修改的要说明原因并提出解决方法。最好是把数据装入和调试运行结合起来,先装入少量数据,待调试运行基本确定了,再大批量装入数据。

⑤数据库系统试运行测试。装入数据后,要对空间数据库的实际应用程序进行运行,执行各功能模块的操作,对数据库系统的功能和性能进行全面测试,包括需要完成的各功能模块的功能、系统运行的稳定性、系统的响应时间、系统的安全性与完整性等。经调试运行,如果基本满足要求,则可投入实际运行。

4.3 空间数据库的维护

建立一个空间数据库是一项耗费大量人力、物力和财力的工作,因此大家都希望它能应用得好,生命周期长。而要做到这一点,就必须不断地对它进行维护,即进行调整、修改和扩充。为做好数据库的维护工作,首先应做好以下几项工作:

①数据库使用单位应建立起数据库系统更新和维护制度。
②应充分考虑数据库系统更新和维护的经费、人员的预算和投入。
③数据库系统运行条件尚不成熟时,可委托建库承担单位在一段时间内进行跟踪运行服务、系统维护及技术培训等工作。

4.3.1 空间数据库维护的内容

系统维护包括以下几个方面的工作:

(1)程序的维护

在系统维护阶段,会有一部分程序需要改动。根据运行记录,发现程序的错误时需要改正;或者随着用户对系统的熟悉,用户有更高的要求、部分程序需要改进;或者环境发生变化,部分程序需要修改。

(2)数据文件的维护

业务发生了变化,从而需要建立新文件,或者对现有文件的结构进行修改。

(3)代码的维护

随着环境的变化,旧的代码不能适应新的要求,必须进行改造,制定新的代码或修改旧的代码体系。代码维护的困难主要是新代码的贯彻,因此各个部门要有专人负责代码管理。

(4)数据库的转储和恢复

数据库的转储和恢复是系统正式运行后最重要的维护工作之一。数据库管理员针对不同的应用要求制定不同的转储计划,定期对数据库和日志文件进行备份,以保证一旦发生故障,能利用数据库备份及日志文件备份,尽快将数据库恢复到某种一致性状态,并尽可能减少对数据库的破坏。

(5)数据库性能的监督、分析和改进

在数据库运行过程中,监督系统运行,对监测数据进行分析,找出改进系统性能的方法是数据库管理员的又一重要任务。通过仔细的分析,判断系统是否处于最佳运行状态,如果不是,则需要通过调整某些参数来进一步改善数据库性能。

(6) 机器、设备的维护

包括机器、设备的日常维护与管理。一旦发生小故障,要有专人进行修理,保证系统的正常运行。做好计算机病毒的预防与清除工作,有安全组织专门负责对计算机病毒的预防和清除工作。对外来的拷贝软件及软盘一律要在专用设备上进行病毒检测,消除病毒后才能使用,还应做好数据备份。新购机器或经维修后的机器,启用前需经病毒检查,做好数据备份后方可运行。需要定期用病毒检测软件检测计算机病毒,能消除的病毒要立即清除,不能清除的新病毒要报告有关部门,给以清除。

4.3.2 空间数据库维护的类型

依据应用型地理信息系统需要维护的原因不同,系统维护工作可以分为四种类型。
(1) 更正性维护
这是指由于发现系统中的错误而引起的维护。工作内容包括诊断问题与修正错误。
(2) 适应性维护
这是指为了适应外界环境的变化而增加或修改系统部分功能的维护工作。新的硬件系统问世,操作系统版本更新,应用范围扩大。为适应这些变化,应用型地理信息系统需要进行维护。
(3) 完善性维护
这是指为了改善系统功能或应用户的需要而增加新的功能的维护工作。系统经过一个时期的运行之后,某些地方效率需要提高,或者使用的方便性还可以提高,或增加某些安全措施,等等。这类工作占整个维护工作的绝大部分。
(4) 预防性维护
这是主动性的预防措施。对一些使用寿命较长,目前尚能正常运行,但可能要发生变化的部分进行维护,以适应将来的修改或调整。例如,将专用报表功能改成通用报表生成功能,以适应将来报表格式的变化。

4.3.3 空间数据库的维护

空间数据库的重组织、重构造和系统的安全性与完整性控制等,就是重要的维护方法。

1. 空间数据库的重组织

指在不改变空间数据库原来的逻辑结构和物理结构的前提下,改变数据的存储位置,将数据予以重新组织和存放。因为一个空间数据库在长期的运行过程中,经常需要对数据记录进行插入、修改和删除操作,这就会降低存储效率,浪费存储空间,从而影响空间数据库系统的性能。所以,在空间数据库运行过程中,要定期地对数据库中的数据重新进行组织。DBMS一般都提供了数据库重组的应用程序。由于空间数据库重组要占用系统资源,故重组工作不能频繁进行。

2. 空间数据库的重构造

指局部改变空间数据库的逻辑结构和物理结构。这是因为系统的应用环境和用户需求的改变,需要对原来的系统进行修正和扩充,有必要部分地改变原来空间数据库的逻辑结构和物理结构，从而满足新的需要。数据库重构通过改写其概念模式（逻辑模式）的内模式（存储模式）进行。具体地说，对于关系型空间数据库系统，通过重新定义或修改表结构，或定义视图来完成重构；对非关系型空间数据库系统，改写后的逻辑模式和存储模式需重新编译，形成新的目标模式，原有数据要重新装入。空间数据库的重构，对延长应用系统的使用寿命非常重要，但只能对其逻辑结构和物理结构进行局部修改和扩充，如果修改和扩充的内容太多，那就要考虑开发新的应用系统。

3. 空间数据库的完整性、安全性控制

一个运行良好的空间数据库必须保证数据库的安全性和完整性。空间数据库的完整性，是指数据的正确性、有效性和一致性，主要由后映像日志来完成，它是一个备份程序，当发生系统或介质故障时，利用它对数据库进行恢复。同样，由于应用环境的变化，数据库的完整性约束条件也会变化，所以需要数据库管理员不断修正，以满足用户需要。

安全性指对数据的保护，主要通过以下几个方面实现：

(1) 建立技术文档管理制度

为保护数据，必须建立技术文档管理制度，主要包括：技术资料及文档，都应妥善保存，建立严格的借阅手续；机房应具备有故障时的替代文本和系统恢复时所需的规定文本；需要从系统中提取资料时，应有严格的手续和制度作保证；对打印报废资料应统一销毁。

(2) 数据加密处理

数据加密处理主要包括对文件的加密和数据库加密。文件加密是将文件中的数据在文件密钥的控制下，使用某种加密算法，进行加密变换后再进行密文存储，也可用软件加密来实现，文件加密的密钥是重点保护对象。数据库加密保护就是在操作系统（OS）和数据库管理系统 DBMS 支持下，对数据库的文件或记录进行加密保护。具体有两种方法：①在数据库中加入加密模块而对库内数据进行加密。②在库外的文件系统内加密，形成存储模块，再交给 DBMS 进行数据库存储管理。

需要注意的是在数据库运行过程中，应用环境的变化，对安全性的要求也会发生变化，比如有的数据原来是机密，现在是可以公开查询，而新加入的数据可能又是机密的。而系统中用户的密级也会改变。根据实际情况修改原有的安全性控制。

(3) 数据存取控制

数据存取控制是对数据存入、取出的方式和权限进行控制，以免遭数据被非法使用和破坏。数据存取控制主要通过设置存取权限和进行数据备份来实现。存取权限是指在数据库系统中必须有对用户的存取资格和权限进行检查的功能。只有检查合格的用户才有权进入数据库系统。在数据库应用中根据用户的实际需要授予不同的操作权限。在实际操作过程中，必须采用用户识别、密钥识别、个人特征标识和用户权限控制等技术措施进行保护，以防止数据的存取破坏和非法复制。

为了有效地保护数据，必须建立起数据备份制度。数据备份可以对于固有故障，建立数据副本，以恢复数据。把数据刻录成光盘再存放在安全的地方或异地备份。

(4) 数据的法律保护

为保护数据，法律明确规定建库承担单位不得复制、丢失和涂改原始资料；不得向任何第三方复制、转让和丢失与数据库建设有关的电子数据、不得擅自使用与数据库建设有关的电子数据；建库承担单位在数据采集及建库完毕后，应在规定时间将原始资料归档。

【本章小结】

海量空间数据：空间数据库管理的数据量很大，且比例尺也大，这些系统的空间数据库的数据量级可达吉字节甚至太字节，通常称为海量数据。如何解决海量空间数据管理问题就成为空间数据库技术的关键所在。

在完成空间数据库的设计之后，就可以建立空间数据库。数据库的建立是一个费时间、费人力、成本高的工作，通常会耗费大量的精力。一般要经过资料准备和预处理、数据采集、数据处理、数据库建库等阶段。

建立一个空间数据库是一项耗费大量人力、物力和财力的工作，大家都希望它能应用得好，生命周期长。而要做到这一点，就必须不断地对它进行维护，即进行调整、修改和扩充。

空间数据库维护的内容主要包括以下几个方面：程序、数据文件和代码的维护；数据库的转储和恢复；数据库性能的监督、分析和改进；机器、设备的维护。

空间数据库系统维护工作可以分为四种类型：更正性维护、适应性维护、完善性维护及预防性维护。

空间数据库主要的维护方法有重组织、重构造和系统的安全性与完整性控制等。

【练习与思考题】

1. 海量空间数据库为什么要进行分幅组织和管理？如何进行组织和管理？
2. 简述地图分幅主要有哪几种方法。
3. 图幅间被分割目标的组织方法中，"整个空间目标统一组织和管理方式"和"只建立和组织被分割目标方式"各有什么特点？
4. 简述空间数据库建立的流程。
5. 空间数据获取的主要方法是什么？
6. 空间数据采集的一般原则是什么？
7. 空间数据处理的主要内容是什么？
8. 简述空间数据库维护的内容及其类型。
9. 空间数据库维护的主要方法是什么？

第5章 空间数据库技术应用实例

【教学目标】

本章旨在通过矿产资源规划空间数据库构建及应用这一实例，展示行业生产实践中空间数据库创建的具体过程及应用方式，以期起着抛砖引玉、举一反三之功效，从而使学生通过本章的学习具备独立建库的能力，并能够驾驭空间数据库进行生产实践活动。通过本章学习，同学们应了解 Geodatabase 数据模型的组织结构、模型特征，并需进一步理解 Geodatabase 模型的构建流程及数据存储实现方式。同时，需对空间数据库引擎的概念、国内外主流空间数据库引擎技术及其各自功能有所了解，应着重理解 ArcSDE 空间数据库引擎的工作机制。关于空间数据库的构建，需重点掌握空间数据库的连接配置方法，如何创建要素数据集、要素类、关系表及数据加载等关键性操作；应用方面，需掌握要素符号化、专题图标注、专题图页面设置、坐标格网设置及图幅整饰与输出等一系列基本操作。

5.1 概 述

空间数据库整体上是一个集成化的逻辑数据库。建立空间数据库的目的就是要将相关的空间数据高效地组织起来，使得所有数据能够在统一的界面下进行调度、浏览，各种比例尺、各种类型的空间数据能够互相套合、相互叠加，既能够一览全貌，也能够具体入微地查询、分析与显示。目前，空间数据库及其应用已从解决道路、输电线路等基础设施的规划与管理，发展到环境与资源管理、土地利用、城市规划、森林保护、人口调查、交通、地下管网、输油管道、商业网络等各类复杂的领域，为各应用领域业务分析与决策提供了强有力的数据支撑，取得了显著的社会效益和经济效益。本章将基于 Geodatabase 数据模型、ArcSDE 空间数据库引擎及 SQL Server 数据库管理系统作为空间数据库架构方案，以矿产资源规划空间数据库的构建及应用为例展示空间数据库的具体创建过程及其应用方式。

5.2 Geodatabase

5.2.1 Geodatabase 概述

Geodatabase 是 ESRI 公司在 ArcGIS8 引入的一个全新的空间数据模型，是建立在关系型数据库管理信息系统之上的统一的、智能化的空间数据库。Geodatabase 数据模型是按照层次型的数据对象来组织地理空间数据(如图 5.1 所示)。这里的数据对象指对象类

(Object Classes)、要素类(Feature Classes)和要素数据集(Feature Datasets)。

对象类是一种以表格(Table)的形式来存储非空间数据的类。这种特殊的类没有空间特征,其实例就是对象相关的表记录。

要素类是几何类型(点、线、面等)相同及属性一样的要素集合,如:道路、河流、矿点、探矿权范围、采矿权范围等。要素类之间可以独立存在,也可具有某种关系。当不同要素类之间存在某种关系时,应考虑将它们组织到一个要素数据集。例如,矿山、矿山注记等这些要素类之间存在内在关系,我们就可以将其存储到同一要素数据集中。另外,描述空间对象及其属性的文本信息,在 Geodatabase 中通常也被存储为简单要素类,称为注释类。

要素数据集是共享空间参考系统并具有某种关系的多个要素类的集合。一般而言,在以下三种情况下,应考虑将不同的要素类组织到一个要素数据集中:(1)对同一专题的要素类通常组织为同一个要素数据集,例如,某区域内相同比例尺下的线状水系与面状水系被归在同一个要素集;(2)考虑要素类间的平面拓扑关系,比如行政边界、道路等,当其中一个要素空间位置发生改变,其公共的部分也需一起移动,从而保持公共边关系不变,这时我们也将其组织为同一要素集;(3)处于同一几何网络中的边、连接点等要素类,一般也组织在同一要素集内。

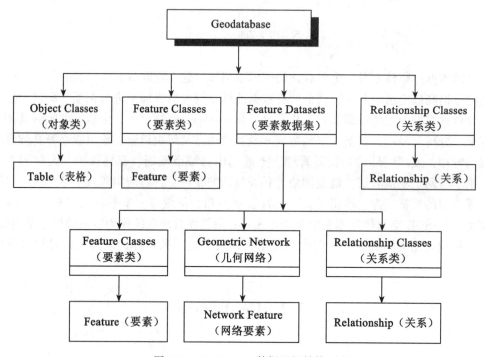

图5.1 Geodatabase 数据组织结构

对象类、要素类和要素数据集是 Geodatabase 数据模型中的基本组成项。当在数据库中创建了以上项目后,就可以向数据库中加载数据,并进一步定义数据库,如建立索引、创建拓扑关系、创建子类、创建几何网络类、注释类、关系类等。

5.2.2 Geodatabase 数据模型特征

由于 Geodatabase 数据模型融入了面向对象的核心技术，使得 Geodatabase 数据模型可以将所有空间地物以对象的形式进行封装（Encapsulation），并将对象的外部行为、语义和内部执行之间显著分离。因此，与 CAD 数据模型、Coverage 数据模型相比，Geodatabase 数据模型优势显著：

①数据的输入与编辑更加精确。由于 Geodatabase 数据模型数据存储机制的智能化，使用户在输入和编辑过程中引入的错误能够及时得到检测和纠正，为数据的正确性提供了保障。

②空间数据与非空间数据的统一存储。Geodatabase 数据模型是建立在标准的关系数据库系统的基础之上，所以能够将矢量数据、栅格数据、非空间属性数据等统一存储在大型关系型数据库管理系统中，便于数据的管理和调用。

③用户的操作对象更加直观化。因 Geodatabase 数据模型是基于面向对象的空间数据模型，只要经过适当的设计，就可将用户的数据模型表达为一个 Geodatabase 所能包含的数据对象，这样，用户操作的就不再是一般意义的点、线、面，而是如道路、湖泊等空间实体对象。

④要素拥有更加丰富的上下文关系。通过空间表达、拓扑关系及一般关系，用户不仅可以定义要素的性质，而且还可以定义它与其他要素的上下文关系（Context）。这样，当与其相关的要素被移动、改变或删除时，能够使用户清楚地知道整个要素集发生了哪些改变，而且这种上下文关系（Context）也给用户查找或定位相关的要素提供了方便。

⑤要素集合的连续性。Geodatabase 数据模型能够容纳庞大的要素集合，实现了无分区分块的海量要素的无缝存储。

⑥要素的形状特征得到了更好表现。Geodatabase 数据模型提供直线、圆弧、椭圆曲线、贝赛尔曲线等多种方式来定义要素的外形。

⑦实现了多用户并发操作。Geodatabase 数据模型支持多用户同时编辑同一区域内的要素，并对出现的差异进行相应的处理，使之达成一致。

虽然这种全新的面向对象的地理空间数据模型有着自身显著的优势，但因技术水平所限及空间数据本身的复杂性，Geodatabase 数据模型依然有其局限所在：

①Geodatabase 数据模型是低层次的面向对象。由于目前面向对象数据库技术还不够成熟，当对空间实体对象进行存储时，需通过中间件将其规则和属性分解后才能存储于对象—关系型数据库中，而对空间实体的访问也需通过中间件对空间数据重新组合完成。所以，Geodatabase 数据模型只是一种逻辑模型，目前只在代码级实现了面向对象。

②Geodatabase 数据模型的约束规则不能很好地描述空间实体复杂的组合关系。Geodatabase 数据模型对两个要素类（FeatureClass）之间的一对多的组合关系能够很方便地进行定义，但对组合与被组合的对象间的空间关系和属性信息的约束规则未给予描述。

③Geodatabase 数据模型不能表达时空数据。由于 Geodatabase 数据模型中不存在时间

维,与传统的数据模型一样,其描述的依然是静态的空间数据,而现实世界中,很多地理实体所涉及的数据都与时间变化相关。

尽管 Geodatabase 数据模型自身有一定的不足,但它将面向对象的思想引入到人们对现实世界的认识和模拟中,它是一种将空间对象的行为和属性结合起来的智能化空间数据模型。在 Geodatabase 模型中,空间实体被表示成具有行为、属性和关系的对象,因此,它不仅支持简单要素类及其拓扑关系,还能够对复合网络及其他面向对象要素提供支持。此外,因 Geodatabase 数据模型建立在标准的关系数据库系统基础之上,利用关系数据库管理系统能够对空间数据和非空间数据进行统一存储、管理,所以是当前行业应用中空间数据库构建的首选方案。

5.2.3 Geodatabase 构建流程

构建 Geodatabase 空间数据库,首先是设计 Geodatabase 所要包含的空间参考系统、地理要素类、要素数据集、非空间对象表、几何网络类以及关系类等;Geodatabase 设计完成之后,就可以利用 ArcCatalog 建立空间数据库:首先,建立空的 Geodatabase,接着,建立 Geodatabase 基本组成项,包括要素数据集、要素类、关系表等;最后,将数据载入 Geodatabase 数据库。

当关系表和要素类中加入数据后,可以在适当的字段上建立索引,以便提高查询效率。建立了 Geodatabase 的要素数据集、要素类和关系表后,可以进一步建立空间要素的几何网络、空间要素或非空间要素类之间的关系类等对空间数据库进行优化。

1. Geodatabase 设计

Geodatabase 设计是 Geodatabase 空间数据库构建的首要问题,应根据项目应用需求进行规划和反复设计。在设计一个 Geodatabase 时,需要重点考虑以下几个问题:数据库中将要存储什么数据、数据存储采用什么投影、如何组织对象类和子类、是否需要维护不同类型对象间的特殊关系、是否需要建立数据的修改规则、数据库是否存储定制对象、数据库中是否包含网络。

2. Geodatabase 建立

借助 ArcCatalog 软件平台,可以采用三种不同的方式来创建一个新的 Geodatabase。具体选择何种方式取决于建立 Geodatabase 的数据源及是否需要在 Geodatabase 中存放定制对象。而实际建库操作中,通常会结合几种或全部方式来创建 Geodatabase 空间数据库。

(1)从头开始创建一个新的 Geodatabase

当没有任何可装载或需要装载的数据,或者已有数据只能部分地满足数据库设计时,可以利用 ArcCatalog 软件直接创建一个新的 Geodatabase 数据库。

(2)移植已经存在的数据到 Geodatabase

对于已经存在的多种格式的数据:Shapefile、Coverage、INFO Table、dBASE Tables 等,可以通过 ArcCatalog 来转换并输入到 Geodatabase 中,并进一步定义数据库,包括建立几何网络(Geometric Networks)、子类型(Subtypes)、属性域(Attribute Domains)等。

(3)使用 CASE 工具建立 Geodatabase

可以用 CASE 工具建立新的定制对象,或从 UML(Unified Modeling Language)创建

Geodatabase 数据库模式。

3. 创建 Geodatabase 基本项

一个空的 Geodatabase 的基本组成项主要包括要素数据集、要素类、关系表。当在 Geodatabase 中创建了其基本项，并载入数据之后，一个简单的 Geodatabase 数据库便创建完毕。

4. 向 Geodatabase 加载数据

可以在 ArcMap 中建立新的对象，或调用已经存在的 Shapefile、Coverage、INFO Table、dBASE Tables 等，通过 ArcCatalog 将其载入到 Geodatabase 空间数据库中。

5. Geodatabase 空间数据库的优化

对于加载到 Geodatabase 空间数据库中的数据，可以在适当的字段上建立索引，以便提高查询效率。并可以在建立了数据库的基本组成项后，进一步创建如几何网络、空间要素与非空间要素类之间的关系类等，以便进一步优化 Geodatabase 空间数据库。一个 Geodatabase 空间数据库只有定义了这些高级项后，才能显示出其在数据组织和应用上的强大优势。

5.2.4 Geodatabase 数据存储实现方式

通过上面的分析可知，Geodatabase 是一个用于存储 GIS 数据集的集合，Geodatabase 支持多种数据库管理系统(DBMS)。从 ArcGIS 9.2 开始，Geodatabase 能够将地理空间数据存储到 MDB 文件、文件(File)及大型 DBMS 中。目前，Geodatabase 模型的数据存储实现有三种方式：Personal GDB(Personal Geodatabase)、File GDB(File Geodatabase)和 ArcSDE Geodatabase。如图 5.2 所示。

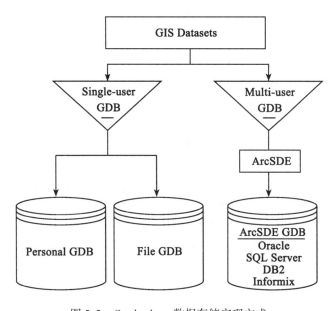

图 5.2 Geodatabase 数据存储实现方式

以上三种实现方式满足了从单用户、小数据量的文件数据库到多用户、大数据量、支持并发操作的企业级数据库管理系统的不同层次的应用需求。其主要区别如下：

Personal Geodatabases 从 ArcGIS8.0 版本开始被引入，采用 Microsoft Jet Engine 数据文件结构，将 GIS 数据存储到 Access 数据库中(mdb file)。支持的 Geodatabase 容量小于等于 2GB，实际有效的数据库容量仅在 250MB～500MB 之间。一旦超出此范围，数据库整体性能将显著降低。运行环境也仅限于 Microsoft 的 Windows 操作系统，只支持单用户编辑，不支持版本管理。就适用环境而言，在比较小的工作组级别应用中，使用 Personal Geodatabases 还是比较可行的。

File Geodatabase 是 ArcGIS9.2 版本新发布的一种 Geodatabase 数据模型。它以文件系统中的文件夹进行存储，每个数据集被存储为一个文件，存储容量可达到 TB 级。但 File Geodatabase 与 Personal Geodatabase 一样，也被设计为单用户编辑模式，不支持 Geodatabase 版本管理。该种 Geodatabase 数据模型比较适合于基于文件数据集的 GIS 项目的数据管理。

ArcSDE Geodatabases 是一个可供多个用户同时编辑和使用的多用户 Geodatabase。通过使用 ArcSDE 数据库中间件，ArcSDE Geodatabase 支持多种数据库管理系统(Oracle、SQL Server、IBM DB2、Informix 等)，而且在数据的存储容量及用户数量上没有限制。利用企业级大型关系数据库系统存储海量的 GIS 数据，正是 ArcSDE Geodatabase 的最大优势所在。ArcSDE Geodatabase 支持多用户并发操作，提供长事务及版本管理工作流。目前在工作组级、部门级及企业级 GIS 应用领域被广泛使用。

5.3 空间数据库引擎技术

5.3.1 空间数据库引擎概述

空间数据通常具有多源、异构及多尺度特征，且往往具有复杂的拓扑关系。受面向对象思想的启发，人们要求将复杂的空间实体操作封装成类，以便简化一般人员对空间数据的操作难度，这便产生了一个新的概念——空间数据库引擎(Spatial Database Engine，SDE)。

空间数据库引擎的概念最早由 ESRI 提出。ESRI 对 SDE 的定义是：从空间数据管理的角度看，SDE 是一个连续的空间数据模型，借助这一模型，我们可以将空间数据加入到关系数据库系统(RDBMS)中去。我国科学技术名词审定委员会审定公布的定义为：使空间数据可在工业标准的数据库管理系统中存储、管理和快速查询检索的客户/服务器软件，它将空间数据加入到扩展关系数据库管理系统中，并提供对空间、非空间数据进行有效的管理、高效率操作与查询的数据库接口。

由上述定义可以看出，SDE 可以理解为基于特定的空间数据模型，在特定的数据存储、数据库管理系统的基础上，提供对空间数据的存储、检索等操作，以提供在此基础上的二次开发的程序功能集合。同时，SDE 又可以看做是基于大型关系型数据库的客户/服务器模式的软件，即相对于客户端，SDE 是服务器，提供空间数据服务的接口，接受所有空间数据服务请求；而相对于数据库服务器，SDE 则是客户端，提供数据库访问接口，用于连接数据库和存取空间数据。

5.3.2 国内外空间数据库引擎技术分析

为实现多源、异构、多尺度空间数据的统一集成管理，近年来，各大数据库厂商及 GIS 厂商就空间数据库引擎做了大量的研究工作。国内，GIS 厂商北京超图公司采用多源空间数据无缝集成技术研发了 SuperMap SDX，其中包括：SDX for SQL Server、SDX for Oracle、SDX for Oracle Spatial、SDX for SDE。国产数据库产品 DM3 也着手研发支持空间数据库的产品，通过二进制的对象数据类型来支持空间数据的存储，但它没有针对空间数据提供空间索引机制，也不提供空间数据分析功能。国外，MapInfo 公司的 SpatialWare 是第一个在对象关系数据库环境下支持基于 SQL 进行空间分析和空间查询的空间数据库引擎，但它采用的数据模型不支持空间拓扑关系，空间分析功能较弱。Informix 公司则推出了自己的 Informix ILLustr 产品，该产品具有良好的面向对象特征，对空间数据的处理和操作通过 DatabaseBlade Spatial Module 完成。Oracle 公司推出的 Oracle Spatial，为空间数据的存储与索引定义了一套数据库结构，并通过扩展 Oracle PL/SQL 为空间数据的处理和操纵提供了一系列函数和过程，从而实现了对空间数据服务的支持。而世界著名的地理信息研究机构——ESRI 公司则推出了 ArcSDE"智能化"空间数据库引擎解决方案。目前，国内超图公司的 SuperMap SDX、Oracle 公司的 Oracle Spatial 及 ESRI 公司的 ArcSDE 在相应领域得到了较为广泛的应用。下面介绍本章案例所涉及的 ArcSDE 空间数据库引擎。

5.3.3 ArcSDE 空间数据库引擎

ArcSDE 基于 SDE 技术，在标准的关系数据库系统的基础上，通过增加一个空间数据管理层，实现了对现有的关系型数据库管理系统或对象关系型数据库管理系统的空间扩展，能够将空间数据和非空间属性数据统一存储于商用 DBMS 中，为网络中的任意客户端应用程序提供了一个在 DBMS 中存储和管理 GIS 数据的数据通道。这一数据通道为 GIS 应用程序和基于 RDBMS 的空间数据库之间提供了一个开放的接口，充分地把 GIS 和 RDBMS 集成起来，屏蔽了系统差异和数据库系统平台的差异，允许 ArcGIS 在多种数据库平台上管理地理空间数据，保证了特定领域的 GIS 应用，实现了不同的客户端之间的高效共享和互操作。随着技术的不断进步，ArcSDE 经历了几次版本更新后，从 ArcGIS 9.2 开始，ArcSDE 已归于 ArcGIS 9.2 Server 产品线下，成为整合 ArcGIS Server 的重要组件。

1. ArcSDE 的体系结构

ArcSDE 空间数据库引擎的逻辑结构采用成熟的 Client/Server 结构。服务器端，ArcSDE 使用 giomgr 进程与数据库进行交互，每个 ArcSDE 服务都对应一个用户进程，通过用户进程来监听用户的服务请求(服务器名和端口)及连接验证(用户名和密码)，并清理断开的连接。客户端，由服务器端的 giomgr 进程为每个连接到 ArcSDE 服务器的客户端应用程序生成一个 gsrvr 进程，通过关系数据库系统的服务端程序，gsrvr 进程将用户所有的数据查询及编辑请求提交到服务器端，从而完成客户端与服务器端的交互。

ArcSDE 空间数据库引擎在连接实现上采用了三层体系结构：即 RDBMS Server、

ArcSDE Server 和 Client。其体系架构如图 5.3 所示。

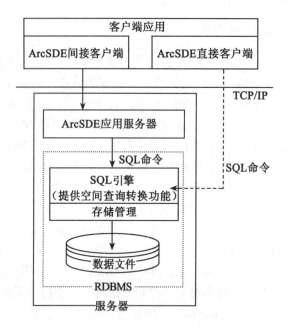

图 5.3 ArcSDE 体系架构图

图 5.3 所示的体系结构中，ArcSDE 服务器端软件需要在 RDBMS（如 Oracle、SQL Server 等）基础上进行安装，而且必须注意安装的先后顺序，即需先安装配置好关系数据库系统，再安装相应版本的 ArcSDE 组件。ArcSDE 安装过程中需要提供系统管理员的账号及密码，并会自动引导用户在关系数据库中创建 SDE 表空间和用户，安装完毕后，将自动启动 ArcSDE Service(esri_sde)服务。实际工作中，通常将 RDBMS 服务器和 ArcSDE 应用服务器安装配置在同一台服务器主机上，而客户端可以是运行在 Internet/Intranet 上的任意一台客户机，通过 TCP/IP 网络协议与服务器通信。

RDBMS 服务器、ArcSDE 应用服务器及客户端三者之间的交互访问模式如下：客户端应用程序通过 ArcSDE 应用编程接口向 ArcSDE 应用服务器发出空间数据服务请求，ArcSDE 应用服务器接到服务请求后，由 SQL 引擎根据空间数据的特点将空间查询转换为 RDBMS 服务器可直接识别的 SQL 查询，RDBMS 服务器再对该 SQL 语句进行解释，完成对数据库的搜索，然后将满足查询条件的空间数据或属性数据通过 Array Buffer 缓冲机制将数据传送给 ArcSDE 应用服务器，ArcSDE 应用服务器再使用自己的缓冲器通过网络将数据发回客户端。

在这种结构下，RDBMS 服务器执行所有的空间查询和检索操作，并将结果返回给客户端；ArcSDE 应用服务器则主要负责对服务请求进行"翻译"，起着数据通道作用。

2. ArcSDE 的基本功能

空间数据库引擎处于 GIS 应用体系中的应用处理层，是连接客户端应用与 RDBMS 服务器之间的数据通道，在建立 GIS 应用体系中具有极其重要的地位。因此，有学者指出：

真正意义上的面向分布式空间数据库系统和 GIS，正是将空间数据库引擎引入之后才得以建立。鉴于空间数据库引擎在 GIS 体系中的特殊作用，作为客户端应用与 RDBMS 之间的数据中间件，它不仅要具有一般数据库管理系统存取和管理数据的能力，还必须具备以下基本功能：

①支持多种数据库管理系统。ArcSDE 采用统一的数据标准和组件接口，因此能够包容较多的数据类型，支持多种数据库管理系统，并且易于实现数据库的更新和扩展。ArcSDE 作为多种 DBMS 的通道，它能够为 Oracle、Microsoft SQL Server、IBM DB2 及 Informix 等多种 DBMS 平台提供了高性能的 GIS 数据管理功能。ArcSDE 对多种数据库系统平台的支持，大大拓宽了 GIS 的应用领域。

②提供数据的并发操作及安全控制机制。ArcSDE 为了实现多用户共享空间数据库引擎的服务，提供对用户的多线程执行，可以实现在多用户环境下的高效并发访问。同时，因为 ArcSDE 构建在成熟的关系型数据库管理系统之上，它充分利用了数据库系统的安全控制机制，从而保证了地理空间数据的安全性和可靠性。

③支持分布式数据共享。ArcSDE 采用客户端/服务器(C/S)体系结构及成熟的数据库技术，能够将地理空间数据以记录的形式进行存储，数据可以分散存储于网络上的各个空间数据库中，而且连接的数据库和用户数量不受限制，直至达到 DBMS 上限。这就为基于网络的空间数据分布式调用提供了技术保障。

④支持空间数据索引和海量数据的管理。空间数据索引是一种介于空间操作算法和地理对象之间的辅助性空间数据结构。通过筛选处理，它能够排除大量与特定空间操作无关的地理对象，从而缩小了空间数据的操作范围，这便提高了空间操作的速度和效率。在 ArcSDE 的应用体系中，数据库管理系统的强大数据处理能力加上 ArcSDE 独特的空间索引机制，使得每个数据集的数据量不再受到限制，轻松实现对海量空间数据的管理。

⑤支持空间关系运算及空间分析。由于单纯的数据库管理系统(DBMS)并不直接支持对几何数据的运算，在 GIS 系统体系结构中，都需要空间数据库引擎对空间数据加以处理，从而保证空间数据库系统能够提供对地理空间数据进行必要的空间关系运算和空间分析。

⑥支持 GIS 工作流和长事务处理。GIS 中的数据管理工作流，诸如：数据的 Check_In/Check_Out、多用户编辑、松散耦合的数据复制及历史数据管理等，都依赖于 ArcSDE 长事务处理和版本管理。

⑦灵活的配置。ArcSDE 支持多种操作系统，例如 Windows、Linux、Unix 等，能够在同一局域网内或跨网络对应用服务器进行多层结构的配置。

3. ArcSDE 对空间数据的存储与管理

ArcSDE 通过将空间数据类型加入到关系数据库中的方式，在不影响也不改变现有数据库或应用的情况下，借助 Business Table(业务表)、Feature Table(要素表)、Spatial Index Table(空间索引表)三个表来实现对矢量数据和栅格数据等海量地理空间要素的存储和管理。

对于矢量数据的存储，ArcSDE 采用压缩二进制格式对空间要素的几何图形进行存储。对于栅格数据的存储，其方式类似于存储压缩二进制的矢量要素，区别在于：对栅格数据进行存储时，ArcSDE 会在创建 Business Table 过程中，为 Business Table 增加一个栅格列，并同时创建栅格表、栅格辅助表、栅格分块表、栅格波段表和栅格元数据表。

Business Table 负责属性数据和空间数据之间的连接管理。Business Table 通过向一个已经存在的关系型数据表中加入图形数据项，从而使该关系型数据表成为空间可用(Spatially Enabled)。图形数据项为整型的特征 ID 号，用来唯一标识一个图形数据，Business Table 就通过该 ID 号与 Feature Table、Spatial Index Table 建立关联。

Feature Table 采用 BLOB(binary large object)二进制类型字段来存储空间地物要素的几何形状(shape)。Feature Table 和 Business Table 通过 FID 关联，FID 由 ArcSDE 自动生成，并且对于每一空间项，其值是唯一的。

Spatial Index Table 存储对落在一个规则格网内的图形的引用，它由空间项层数据来识别。Spatial Index Table 包括格网单元信息、要素标识符(FID)、要素的封装边界。对于落在每一单元内的每一图形要素在 Spatial Index Table 中都有一条记录与其对应，当执行空间查询时，落入查询范围内的单元将被识别并会返回其中的候选图形。

Feature Table 与 Spatial Index Table 对用户而言是不可见的，而 Business Table 对用户是可见的。

4. ArcSDE 版本管理机制

DBMS 中，事务(Transaction)是数据库的逻辑工作单位，是用户定义的一组操作序列，DBMS 对多用户并发操作的控制便是以事务为单位进行的。与 DBMS 采用"封锁"技术解决其事务调度一样，GIS 空间数据库系统也需要一种技术来实现对多用户并发操作及其长事务进行管理，这便引入了版本(Version)的概念。版本是 GIS 空间数据库管理数据的一种机制，版本使得多个用户能够在不用锁定数据库或者复制数据库的状态下同时编辑同一个版本或者同一个 Geodatabase。我们知道，一个 Geodatabase 可能有很多版本，但不管一个 Geodatabase 有多少个版本，数据库始终只保存一套 Feature Classes 和 Tables。每一个 Feature Class 和 Table 又包含两个 Delta 表：即 A 表和 D 表，每次版本中记录的变更或删除，都可能引起一个或者两个 Delta 表中的内容随之变更。

事实上，ArcSDE 对版本变更的处理正是依据 Delta 表中的记录的变化进行的：首先，A 表和 D 表的每一行都用 State ID 进行标识，当对任何一个版本进行编辑，都会产生一个新的 State，同时产生新的一行追加到 A 表或 D 表中，这样，A 表或 D 表中的一系列 States 记录就反映了版本从原始表状态到当前表状态的变化，该系列称为 Lineage。当我们需要查询或显示一个版本时，ArcSDE 就会从版本的 Lineage 中找到 State ID，然后从 A 表和 D 表中搜索相应的信息。

当编辑 Geodatabase 时，Delta 表的大小和状态的数量都在增加，表格与状态越多，每次处理时的速度就会越慢，因此需要定期利用 ArcCatalog 中的 Compress 工具进行数据库压缩，利用 Analyze 工具实现数据库的 Statistics 重建。

版本管理是 GIS 空间数据库系统实现多用户、多时态、多版本数据管理的重要手段。在实现多用户的并发操作和长事务管理中发挥着重要作用，在对历史数据存储的同时，能够避免数据库的过分增大，又能够方便地实现版本回溯。因此，版本管理在 GIS 空间数据库系统中有着广泛的应用和重要意义。

5.4 矿产资源规划空间数据库构建实例

5.4.1 需求分析

1. 信息需求

数据是信息的载体，是数据库的基础和核心。矿产资源规划空间数据是指基础地理、基础地质及最终的规划成果图件数据，它们反映了矿产资源分布状况、矿产资源规划分区及区块(勘查、开采)的位置、范围及其相互间的空间关系及拓扑关系等信息，具有空间性、抽象性、多时空等空间数据特征。

2. 应用需求

矿产资源规划空间数据库的建立是矿产资源规划管理信息化建设和形成信息化建设体系的首要任务。考虑到矿产资源管理部门、矿山企业及社会公众对矿产资源规划、管理以及信息化建设的需求，设计与实现矿产资源规划空间数据库时不仅仅定位于存储规划的成果数据，更为重要的是需充分发挥规划的龙头作用，将大量的规划研究成果充分地应用起来，为矿产资源的规划审批与监管工作服务、为国土资源政务管理服务。同时，通过开发各类应用服务系统、专题应用系统以及与土地、环境等行业的已建和在建信息系统的集成等方式，实现为矿产资源管理及相关部门提供本地区甚至跨区域的经济发展对矿产资源需求的战略分析服务，为矿山企业及社会公众提供必要的信息服务。因此，其应用需求可表达为如图 5.4 所示的层次结构。

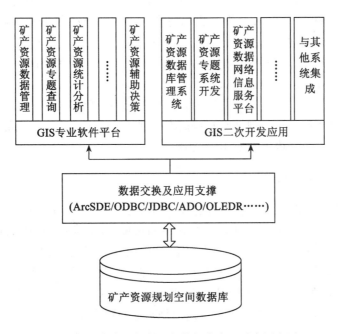

图 5.4 矿产资源规划空间数据库应用需求层次图

5.4.2 数据库架构方案

考虑矿产资源规划空间数据库的应用需求,一方面需满足基于 GIS 专业软件平台(如 MapGIS、ArcGIS 等)对规划成果数据的直接调用,如矿产资源统计分析、矿产资源空间查询、矿产资源规划及专题图件的制作等之类的小数据量、单用户的桌面应用;另一方面,同时兼顾考虑基于 GIS 二次开发应用的需求,如基于该数据库研发矿产资源规划数据库管理系统、矿产资源规划信息服务平台等,从而实现大数据量、多用户并发编辑与互访及分布式应用的企业级 DBMS 应用需求。因此,本实例以对象关系型数据库存储理论为支撑,基于 Geodatabase 数据模型 + ArcSDE 空间数据库引擎 + SQL Server 2005 数据库,实现矿产资源规划数据的存储与管理,进而构建矿产资源规划空间数据库。

5.4.3 平台的搭建

目前,技术的迅速发展导致空间数据库创建及应用系统平台软件版本的更新日渐频繁。为确保空间数据库创建及应用实践工作顺利进行,必须搭建科学高效的软、硬件环境。

本案例具体做法如下:首先安装 ArcGIS Desktop9.3 软件;安装 SQL Server 2005 数据库管理系统,并对其进行相应的配置,包括为其指定一个数据库实例名(SQL Server instance);接着,在保证 SQL 服务器处在正常运行的状态下,安装 ArcSDE9.3 空间数据库引擎。需特别注意的是:在 ArcSDE 的 Post Installation 过程中,安装程序将会出现 Create Spatial database 对话框,提示用户为空间数据库设定数据库名称及用户密码,因 SQL Server 2005 不支持创建 SDE 用户使用简单密码"sde",此处需要设定至少 6 位以上字符的密码。用户按照 ArcSDE 安装程序提示将会自动完成空间数据库的创建第一个过程,但此时仅是一个包含数据库系统信息的空库。待 ArcSDE 完全成功安装后,用户需要注意以下信息:Service name、Service port number、ArcSDE Login、ArcSDE Password、Database name、SQL Server instance、Server name。

关于上述各个软件的安装及配置的内容,相关资料已介绍较多,此处限于篇幅不再赘述。下面将着重介绍矿产资源规划空间数据库的创建过程,并给出相应的应用示例,以此为其他领域空间数据库的构建及应用提供参考。

5.4.4 创建 Geodatabase

ArcCatalog 是 ArcGIS 地理信息平台的基础模块之一。利用 ArcCatalog 可以创建和管理本地 Geodatabase(Personal Geodatabase,File Geodatabase)和 ArcSDE Geodatabase 地理空间数据库,定制和应用元数据,从而大大简化用户组织、管理和维护数据的工作。本地 Geodatabase 的创建较为简单,可以直接在 ArcCatalog 环境中建立,而 ArcSDE Geodatabase 则需首先在网络服务器上安装数据库管理系统与 ArcSDE 空间数据库引擎,然后在 ArcCatalog 环境下建立空间数据库连接,进而创建空间数据库。

下面以矿产资源规划 ArcSDE Geodatabase 的创建为例,在 5.4.3 节已建实验平台的基础上,具体展示空间数据库的创建过程。

1. 建立空间数据库连接

①在 ArcCatalog 目录树窗口(图5.5),将鼠标放置在 Database Connections 文件夹之上,双击鼠标左键,展开该文件夹(图5.6)。

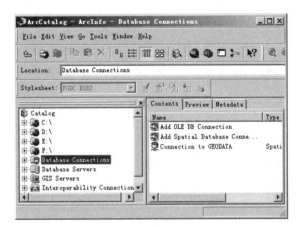

图5.5　ArcCatalog 目录树窗口

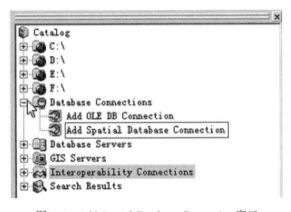

图5.6　Add Spatial Database Connection 窗口

②鼠标双击图5.6中"Add Spatial Database Connection",打开空间数据库连接配置对话框(图5.7)。

③在 Server 文本框中输入需要连接的 SDE 服务器名字或 IP 地址。

④在 Service 文本框中键入需要连接的服务名称或端口号。

⑤本实例中,数据将被存储在 SQL Server 2005 数据库管理系统中,且在安装 ArcSDE 数据引擎过程中已经创建了名为"geodata"的空间数据库实例(SQL Server instance),因此,在 Database 文本框中输入"geodata"。

⑥在 Account 选项组中的 User Name 和 Password 文本框,分别输入用户名和口令。

⑦单击 Test Connection 按钮,进行连接测试。如果连接成功,将会弹出一个连接成功提示窗口(图5.8)。

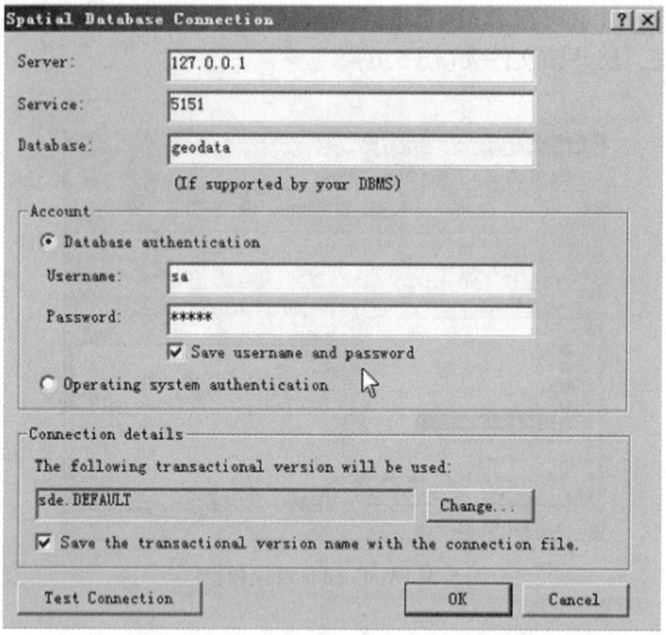

图 5.7　空间数据库连接配置

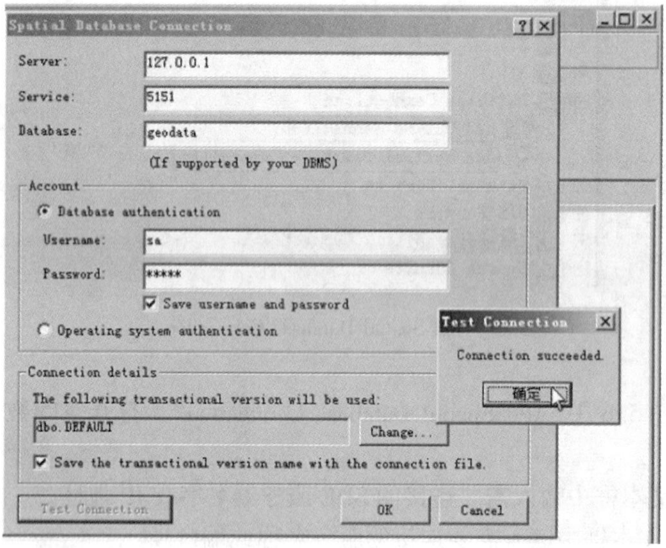

图 5.8　连接成功提示窗口

⑧如果连接失败，会弹出相应的错误提示信息，此时，需要根据提示信息找出错误原因，直至连接测试成功。

⑨单击"确定"按钮，空间数据库连接配置对话框随之关闭。目录树中的 Database Connections 文件夹将出现一个新空间数据库连接"Connection to 127.0.0.1"。为见名知义，

将该连接标识"Connection to 127.0.0.1"改为与空间数据库"geodata"名称相对应的"Connection to GEODATA",按 Enter 完成空间数据库的连接操作(图 5.9)。

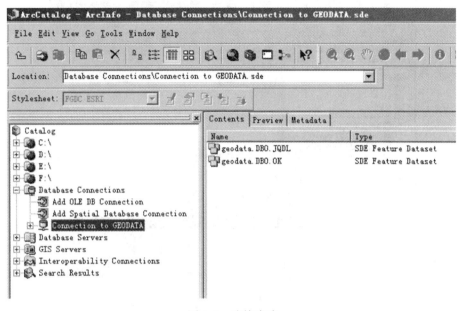

图 5.9　连接成功

2. 创建要素数据集

空间数据库连接成功之后,便可创建要素数据集。创建要素数据集,首先必须明确其空间参考,包括坐标系统和坐标值的范围域。并且需要注意两个问题:一是数据集中的所有要素类需具有相同的坐标系统;二是所有要素类的要素坐标必须在坐标值域范围之内。具体创建过程如下:

①在 ArcCatalog 目录树窗口,将鼠标放置在 Connection to GEODATA 空间数据库连接标识之上,单击鼠标右键,选择"New"→"Feature Dataset"(图 5.10)。

②此时,打开 New Feature Dataset 对话框(图 5.11)。在图 5.11 中的 Name 文本框中输入要素数据集名称,点击"下一步"按钮,弹出坐标系统设置对话框(图 5.12)。

坐标系统分为地理坐标系统(Geographic Coordinate Systems)和投影坐标系统(Projected Coordinate Systems)两种。地理坐标系统采用地球表面的经纬度表示,投影坐标系统则利用数据换算将三维地球表面上的经纬度坐标转换到二维平面上。因此,在定义坐标系统之前,需了解数据来源,以便选择合适的坐标系统。图 5.12 中,单击"Import"或"New"按钮均可设置要素数据集的坐标系统。单击"New"按钮,选择"Geographic",打开地理坐标系统设置对话框(图 5.13);选择"Projected",打开投影坐标系统设置对话框(图 5.14)。定义地理坐标系统包括定义或选择参考椭球体、测量单位及起算经线;定义投影坐标系统,需选择投影类型、设置测量单位及相应的投影参数等。

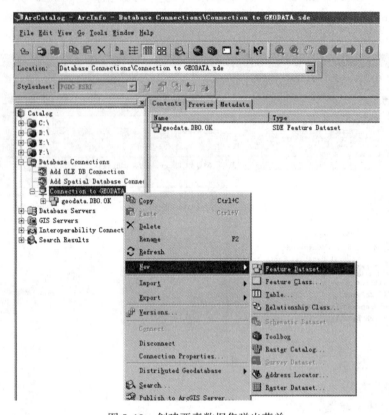

图 5.10　创建要素数据集弹出菜单

图 5.11　New Feature Dataset 对话框

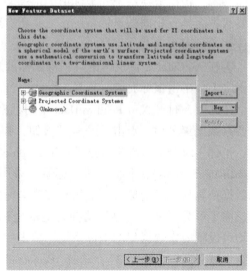

图 5.12　坐标系统设置对话框

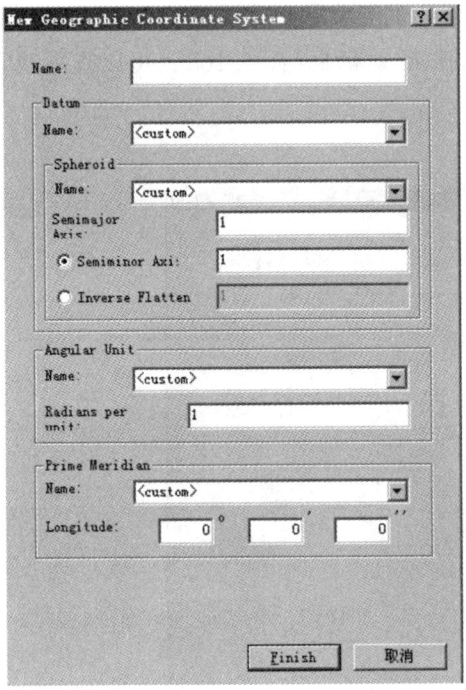

图 5.13 地理坐标系统设置对话框　　　图 5.14 投影坐标系统设置对话框

而当已知原始数据与某一数据的投影相同时,则可单击"Import"按钮,打开数据浏览窗口(图 5.15),用具有相同坐标系统的数据的投影信息来定义原始数据较为方便。此处,单击"Add"按钮,为新建的要素数据集导入坐标系统信息,单击"下一步",按照提示完成要素数据集的创建。

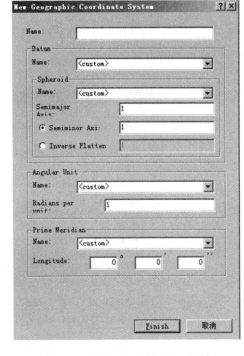

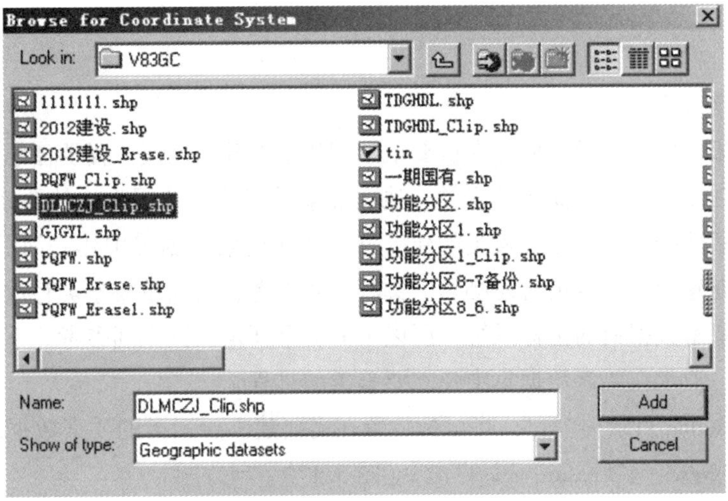

图 5.15 Import 坐标系统设置对话框

163

③此时，在目录树窗口，将鼠标放置在新建立的要素数据集名称之上，单击鼠标右键，选"Properties"，打开"Feature Dataset Properties"对话框(图5.16)，可以查看或重新定义要素数据集的坐标系统。

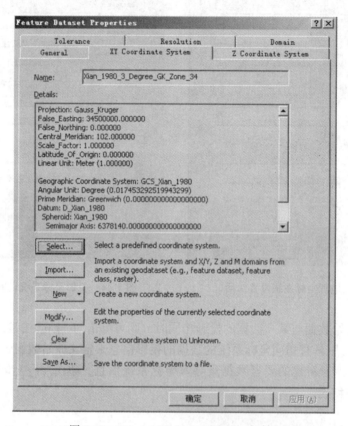

图 5.16　Feature Dataset Properties 对话框

3. 创建要素类

要素数据集创建完毕后，便可在该要素数据集下新建要素类。需要注意的是：要素类分为两类，即独立要素类和简单要素类。独立要素类存放在数据库中的要素数据集之外，不属于任何要素数据集。独立要素类的建立方法与在要素数据集中建立简单要素类相似，不同的是，当新建独立要素类时还必须定义其空间参考；而简单要素类存放在要素数据集中，直接使用要素数据集的坐标系统，所以不需要重新定义其空间参考。下面以简单要素类的建立为例，演示在要素数据集中建立要素类的过程。

①在 ArcCatalog 目录树窗口，将鼠标放置在需要建立要素类的要素数据集上，单击鼠标右键，选择"New"→"Feature Class"命令(图5.17)。

②弹出 New Feature Class 对话框(图5.18)。在 Name 文本框输入要素类名称，在 Alias 文本框输入要素类别名，在 Type 下拉选项中选择要素类的存储类型。

图 5.17 建立要素类命令菜单

图 5.18 New Feature Class 对话框

③单击"下一步"按钮,弹出要素类数据库存储关键字配置对话框(图 5.19)。单击"Use configuration keyword",选择配置关键字及相应参数;或单击"Default"单选按钮,使用默认的存储参数。此处,使用"Default"默认参数。

④单击"下一步"按钮,弹出要素类的字段名、类型及其属性设置对话框(图 5.20)。单击 Field Name 列表下面的第一个空白行,输入新字段名,单击 Data type 列,为该新设字段选择相应的数据类型。在 Field Properties 栏中编辑字段的属性,包括该字段的别名、

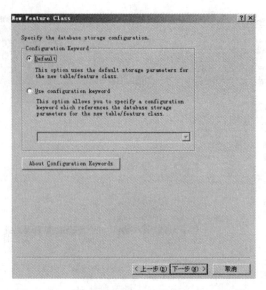

图 5.19 要素类数据库存储关键字配置对话框

是否允许空值、默认值、长度等参数。当单击 Field Name 列表下面的 SHAPE 字段，在 Field Properties 栏中，可分别在 Grid1、Grid2、Grid3 位置设置该要素类的空间索引格网的大小(注意：Grid1 必须大于 0，Grid2、Grid3 可以是 0)。

图 5.20 要素类数据库存储关键字配置对话框

⑤单击"Finish"按钮，完成简单要素类的创建。

4. 创建关系表

①在 ArcCatalog 目录树窗口，将鼠标放置在需要建立关系表的 Geodatabase 数据库连

接之上,单击鼠标右键,选择"New"→"Table"命令(图5.21)。

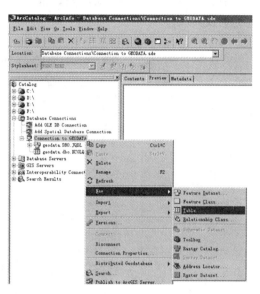

图5.21　建立关系表命令菜单

②在弹出的New Table对话框中(图5.22),在Name文本框中输入表名,在Alias文本框中输入表的别名。

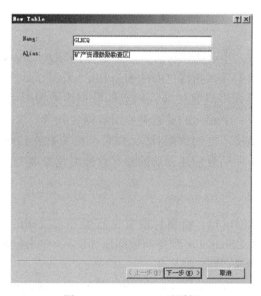

图5.22　New Table对话框

③单击"下一步"按钮,弹出关系表数据库存储关键字配置对话框(图5.23)。单击"Use configuration keyword",选择配置关键字及相应参数;或单击"Default"单选按钮,使

用默认的存储参数。此处,使用"Default"默认参数。

④单击"下一步"按钮,弹出关系表属性字段编辑对话框(图 5.24)。在该对话框中分别设置关系表的字段名、类型及其属性。

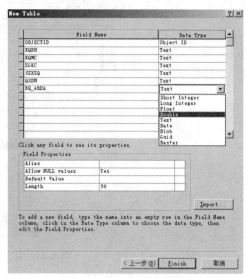

图 5.23　存储关键字配置对话框　　　　图 5.24　关系表属性字段编辑对话框

⑤单击"Finish"按钮,完成关系表的创建。

5.4.5　数据加载

这里讨论的数据加载,主要指两种方式:即数据的导入(Import)或装载(Load)。数据导入不同于数据装载,数据导入指将已有的 Shapefile、Coverage、Raster、dBASE、INFO 等格式的数据通过 Import 系列工具直接导入到空间数据库或要素数据集之中,会自动在数据库或要素数据集下生成一个相应的要素类;而数据装载则要求空间数据库中事前必须存在与被载入的数据具有结构匹配的数据对象(要素类或关系表),然后利用 Load 工具完成库内库外数据的匹配。下面结合前述创建的要素数据集及要素类,分别介绍空间数据的导入与装载过程。

1. 数据导入

①在 ArcCatalog 目录树窗口,将鼠标放置在需要导入数据的 Geodatabase 数据库或要素数据集之上(此处以导入 Shapefile 到空间数据库为例),单击鼠标右键,选择"Import"→"Feature Class(single)"命令(图 5.25)。

②打开 Feature Class to Feature Class 对话框(图 5.26)。在 Input Features 中选择要导入的 Shapefile 数据,在 Output Location 中选择目标数据库或要素数据集,在 Output Feature Class 中输入新要素类的名称,而在 Field Map(optional)栏中,可以根据实际需选择导入的字段,或另外添加新的字段。

③单击"OK"按钮,出现数据导入进度条,成功导入后,在目标数据库或要素数据集

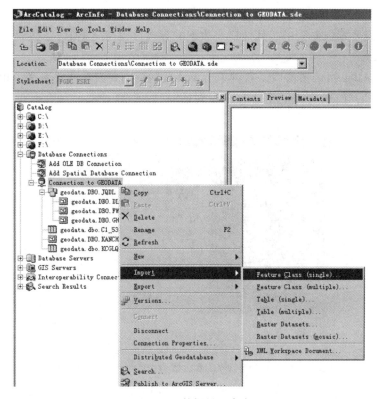

图 5.25　数据导入命令

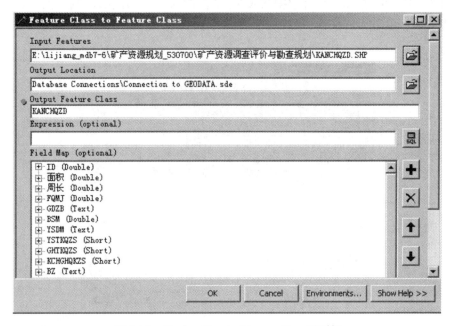

图 5.26　Feature Class to Feature Class 对话框

中将出现新导入的 Shapefile 数据。

当然，在图 5.25 中，我们也可以选择"Feature Class(multiple)"，成批导入 Shapefile 至目标数据库或要素数据集中。其他格式数据的导入过程与此类似，此处不再一一详述。

2. 数据装载

①在 ArcCatalog 目录树窗口，右键单击要装载数据的要素类或关系表，单击"Load" ∠ "Load data"命令，出现 Simple Data Loader 对话框(图 5.27)。

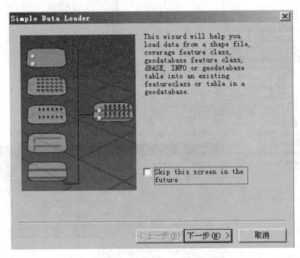

图 5.27 Simple Data Loader 对话框

②单击"下一步"按钮，打开数据输入对话框(图 5.28)。单击浏览按钮，找到要输入的要素类或表，单击 Add 按钮，添加数据到源数据列表中。

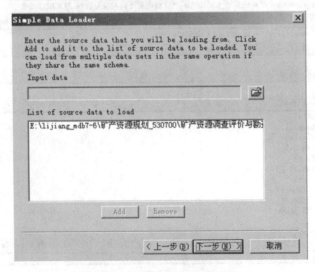

图 5.28 数据添加对话框

③单击"下一步"按钮,打开数据装载确认对话框(图5.29)。选择"I do not want to load all features into a subtype",表示不想把数据装载到一个指定的子类型中。

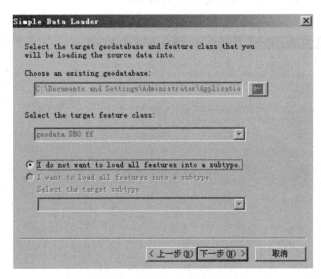

图 5.29 数据装载确认对话框

④单击"下一步"按钮,打开字段匹配对话框(图5.30)。若源数据字段名称、属性与目标数据字段名称、属性均相同,则软件会自动完成匹配;若不相同,则需手工在Matching Source Field 窗口中选择同目标字段匹配的源数据的字段;如果不想让源数据字段的数据装载到目标字段,则可在 Matching Source Field 窗口中选择"None"。

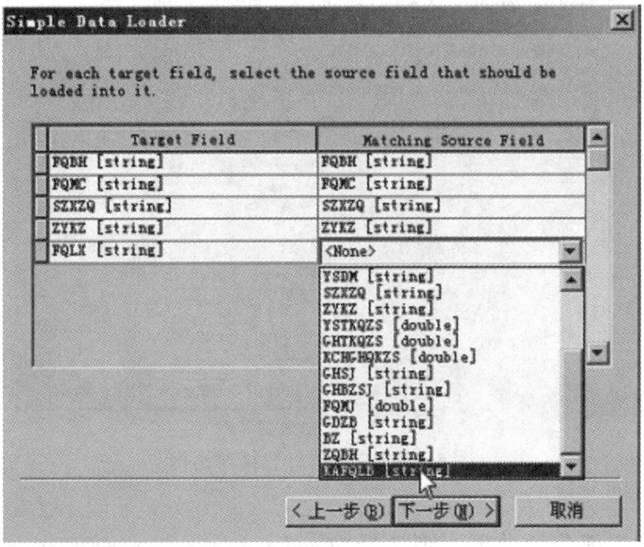

图 5.30 字段匹配对话框

⑤单击"下一步"按钮,打开源数据装载对话框(图5.31)。选择"Load all of the source data"表示需要装载全部源数据。进一步单击"下一步"按钮,出现参数总结信息框(图5.32)。单击完成"按钮",完成源数据的装载操作。

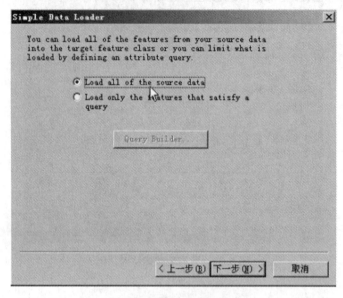

图5.31 字段匹配对话框

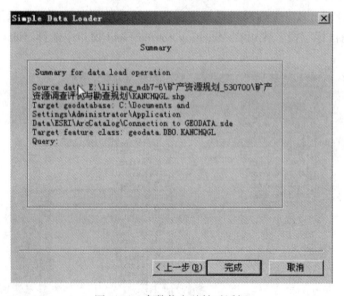

图5.32 参数信息总结对话框

⑥如果只需载入部分源数据,则选择"Load only the features that satisfy query",点击"query builder"按钮,打开数据筛选窗口,在此窗口设置筛选条件(图5.33)。

⑦点击"OK"按钮完成条件筛选。同时打开条件装载对话框(图 5.34)。点击"下一步"按钮，按提示完成源数据筛选装载操作。

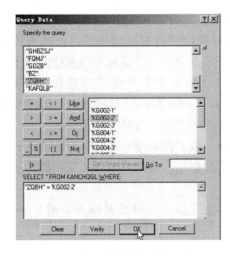

图 5.33　数据筛选窗口　　　　　　　图 5.34　条件装载对话框

⑧经过以上系列操作，最终完成矿产资源规划空间数据库的创建(图 5.35)。

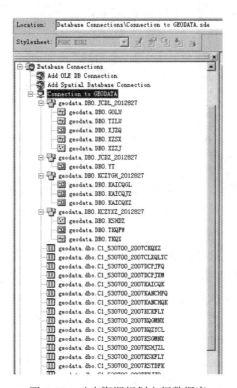

图 5.35　矿产资源规划空间数据库

173

5.5 矿产资源规划空间数据库应用实例

以上基于 Geodatabase 数据模型 + ArcSDE 空间数据库引擎 + SQL Server 2005 数据库存储方案构建的空间数据库，既能满足基于 GIS 专业软件平台对规划成果数据的直接调用，如进行矿产资源信息统计分析、矿产资源空间分布查询、矿产资源专题图件的制作等之类的小数据量、单用户的桌面应用，也能满足基于 GIS 二次开发应用的需求，如基于 WebGIS 设计开发矿产资源规划信息服务系统，实现对矿产资源规划空间数据和属性数据的分布式调用，实现大数据量、多用户并发编辑与互访的企业级 DBMS 应用模式。

本节将基于以上构建的矿产资源规划空间数据库，以矿产资源开采分区专题图件的制作为示例，重点演示矿产资源规划空间数据库基于小数据量、单用户的桌面应用模式。

1. 生成 MXD 工程文件

①同时打开 ArcMAP 与 ArcCatalog 操作界面，为便于操作，将其调整为如图 5.36 所示的混排状态。

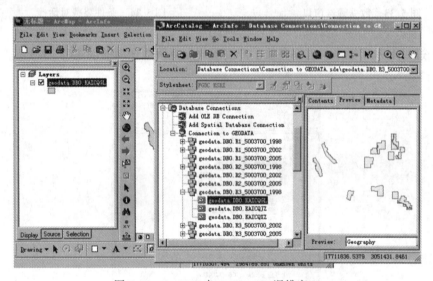

图 5.36　ArcMAP 与 ArcCatalog 混排窗口

②鼠标点选 ArcCatalog 目录树窗口空间数据库某要素集下的要素类(如图 5.36 中所示的 geodata.DBO.KAICQGL 要素类)，按住鼠标左键不放，将其直接拖入 ArcMAP 窗口的 Layers 数据框架之下。这时 SQL Server 关系数据库系统中的该数据便被添加到 ArcMAP 编辑环境中。若专题图件还需要反映其他要素层信息，可使用同样的方法进行添加。

③点击 ArcMAP 窗口"File"菜单→"Save As"命令，弹出另存为对话框(图 5.37)，选择保存路径，输入文件名，点击"保存"按钮，将其保存为 MXD 格式的工程文件。

注意：MXD 工程文件只是记录了数据的连接信息，而真正的数据始终保存在 SQL Server 2005 数据库中，此时，通过 ArcMAP 窗口对数据进行的任何操作，SQL Server 2005

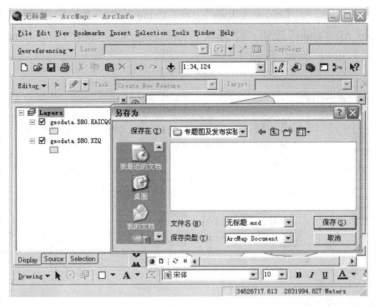

图 5.37　MXD 工程文件保存窗口

数据库中的数据都会通过 ArcSDE 引擎进行同步更新。

2. 要素符号化操作

①根据"点-线-面"图层排序规则，对图层顺序进行调整，使图层要素信息尽可能不相互压盖。

②要素符号化(以 geodata. DBO. KAICQGL 符号化为例)

a. 点选 geodata. DBO. KAICQGL 图层，点击鼠标右键，在弹出菜单中选择"Properties"命令，打开 Layer Properties 对话框，切换到"Symbology"选项卡(如图 5.38 所示)。

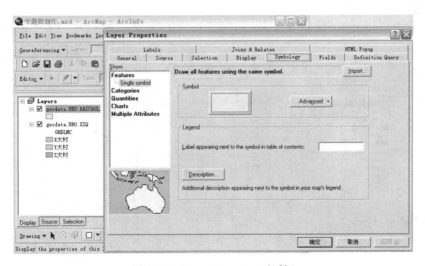

图 5.38　Layer Properties 对话框

b. 选择"Categories"→"Unique values",在"Value Field"下拉字段中选择"分区名称"字段,点击"Add All Values"按钮,将分区名称添加进来,点击"Color Ramp",选择一个合适的配色方案,单击"确定"按钮完成符号化设置。

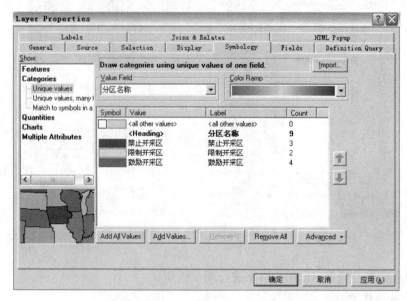

图 5.39　Layer Properties 对话框

3. 专题图标注

①点选 geodata.DBO.KAICQGL 图层,点击鼠标右键,在弹出菜单中选择"Properties"命令,打开 Layer Properties 对话框,切换到"Labels"选项卡(如图 5.40 所示)。

图 5.40　Layer Properties 对话框

②勾选"Label features in this layer"。

③在 Label Field 下拉字段选择"分区名称"字段，在"Text Symbol"中设置字体、字号、颜色等样式，单击"确定"按钮完成设置。

4. 页面设置

①点击"View"菜单下的"Layout View"命令，切换到 ArcMAP 版面视图。

②点击"File"菜单下的"Page and Print Setup"命令，打开"Page and Print Setup"设置对话框，选择相应的打印机，点击"Properties"按钮，进一步打开页面设置对话窗口，在此可根据需要进行页面设置，也可点击"自定义"按钮，自定义纸张大小，如图 5.41 所示。纸张往往需要根据制图比例尺进行纸张大小设置。

图 5.41　页面设置系列对话框

5. 坐标网格设置

①页面设置合适之后，首先选中"Layers"数据框架，点击鼠标右键，选"Properties"，打开 Data Frame Properties 对话框，切换到 Grids 选项卡，单击"New Grid"按钮，进一步打开 Grids and Graticules Wizard 网格设置向导对话框，如图 5.42 所示。

②选择 Graticule：divides map by meridians and parallels(绘制经纬线格网)单选按钮，在 Grid 文本框输入坐标格网名称：Graticule_KCGH。

③单击"下一步"按钮，打开 Creat a graticule 对话框。在 Appearance 选项组选择 Graticule and labels(绘制经纬线格网并标注)单选按钮。并在 Intervals 选项组输入经纬度线

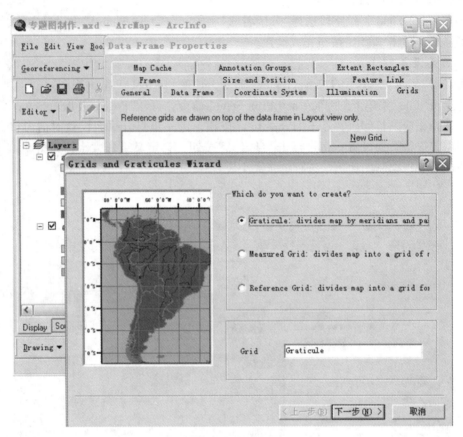

图 5.42 页面设置系列对话框

格网的间隔。

④单击"下一步"按钮,打开 Axes and labels 对话框。在 Axes 选项组选择 Major division ticks(绘制主要格网标注线)和 Minor division ticks(绘制次要格网标注线)复选框。单击 Major division ticks 和 Minor division ticks 之后的 Line Style 按钮,设置标注线符号。在 Number of ticks per major 微调框中输入主要格网细分数。单击 Labeling 选项组中的 Text 按钮,设置标注字体参数。

⑤单击"下一步"按钮,打开 Creat a graticule 对话框。在 Graticule Border 选项组选择 Place a simple border at edge of graticule 单选按钮。在 Neatline 选项组中选中 Place a border outside the grid(在格网线外绘制轮廓线)复选框。在 Graticule Properties 选项组选择 Store as a fixed grid that updates with changes to the data frame(经纬格网将随着数据组的变化而更新)单选按钮。

⑥单击"Finish"按钮,完成经纬网的设置。返回 Data Frame Properties 对话框,所建立的格网文件显示在列表中。单击确定按钮,经纬线坐标格网出现在版面视图中。

注:地理公里格网、索引参考格网的设置与此类似,此处不再一一叙述。

6. 图幅整饰与输出

①单击"Insert"菜单下的 Legend 命令，打开 Legend Wizard 对话框，选择需要放在图例中的字段，单击"下一步"按钮，设置图例的标题名称、标题字体等。单击"下一步"按钮，设置图例框属性。单击"下一步"按钮，设置图例样式。单击"完成"按钮，生成图例。然后将图例拖放在图面合适位置，并调整大小。

②再分别单击"Insert"菜单下的 North Arrow 命令与 Scale Bar 命令，放置指北针及比例尺等地图要素。完成整饰后，总体调整其位置和大小，以便图面简洁美观。

③选择"File"菜单下的"Export Map"命令，在弹出的对话框中输入文件名，选择保存类型，在 Options 选项卡中设置图形输出的分辨率，点击"保存"按钮，输出专题图（如图5.43 所示）。

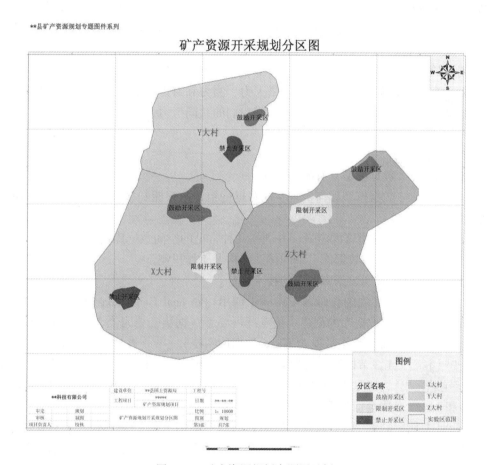

图5.43 矿产资源规划专题图示例

【本章小结】

本章以对象关系型数据库存储理论为支撑，基于目前空间数据库架构的主流方案，即空间数据模型 + 数据库中间件技术 + 关系型数据库管理系统(RDBMS)的架构模式，选用 Geodatabase 数据模型、ArcSDE 空间数据库引擎及 SQL Server2005 大型关系型数据库管理系统构建了矿产资源规划空间数据库。介绍了 Geodatabase 数据模型的组织结构、模型特征、构建流程及数据存储实现方式；给出了空间数据库引擎的概念，分析了国内外常见空间数据库引擎的技术特点及功能，并重点阐述了 ArcSDE 空间数据库引擎的体系结构、基本功能等内容；接着，描述了矿产资源规划空间数据库构建的具体步骤与过程，重点叙述了空间数据的连接配置、要素数据集的创建、要素类的创建、关系表的创建及数据的加载。在实现空间数据库构建的基础上，结合 ArcMAP 桌面环境，对空间数据库内的矿产资源规划数据进行调用，以矿产资源规划专题图的制作为例，展示了空间数据库的应用方式。

空间数据库技术是地理信息系统数据组织的核心技术，具有地理信息科学、测绘科学、计算机科学等多学科交叉的特点。随着学科理论与技术的飞速进步，空间数据模型、空间索引技术等也更新较快；空间数据库内容日趋丰富，用户需求也趋于多样化。因此，空间数据库构建及其应用所涉及的科学理论与技术实现绝非本章节内容所能穷尽。本章旨在通过矿产资源规划空间数据库构建及应用这一简单实例，展示当前行业生产实践中空间数据库创建的主流方式，以此起着抛砖引玉、举一反三之功效。

建立一个空间数据库是一项耗费大量人力、物力和财力的工作。如何更好地满足用户需求同时又能保证其健壮的生命周期？尚需我们的共同努力。

【练习与思考题】

1. Geodatabase 数据模型具有哪些功能特点？
2. Geodatabase 数据模型如何实现空间数据的组织与存储？举例说明 Geodatabase 数据模型适用的领域。
3. 简述空间数据库引擎的定义，并列举几种常见的空间数据库引擎。
4. 简述 ArcSDE 空间数据库引擎的体系结构及工作机制。
5. 简述 ArcSDE 空间数据库引擎的技术优势。
6. 在 ArcCatalog 环境中，练习 Personal GDB(Personal Geodatabase)或 File GDB(File Geodatabase)本地空间数据库的创建。重点练习要素数据集、要素类、关系表及数据加载等操作(提示：练习前需另外安装 ACCESS 数据库系统)。
7. 按照本章 5.4.3 节内容，搭建空间数据库实验平台(如果个人完成不了，请在实验老师的指导下完成)，练习 ArcSDE Geodatabase 空间数据库创建过程。具体创建步骤可按 5.4.4 节和 5.4.5 节内容，数据可用其他实验数据代替。
8. 分别从习题 6 及习题 7 创建的空间数据库中调用数据，参照本章 5.5 节内容，在 ArcMAP 环境中分别制作专题图件并输出，体验空间数据库中空间数据的应用模式。
9. 思考从 Personal GDB(Personal Geodatabase)或 File GDB(File Geodatabase)本地空间数据库中调用数据，与从 ArcSDE Geodatabase 空间数据库中调用数据的调用过程、调用机制、可满足的应用需求等有何异同。

第6章 空间数据库发展趋势

【教学目标】
　　本章内容主要介绍空间数据库的新发展。通过本章学习能掌握时态空间数据库、分布式空间数据库、空间数据仓库及数据中心的基本概念，了解各自的特点及未来空间数据库的发展趋势，为以后的实践打下理论基础。

　　地理信息系统是集空间数据采集、管理、分析和输出为一体的综合信息系统，其主要研究和操作对象是空间数据。随着地理信息系统的发展，空间数据库技术也得到了很大的发展，并出现了很多新的空间数据技术，如时态空间数据库技术、分布式空间数据库技术、空间数据仓库技术等。

6.1 时态空间数据库技术

6.1.1 时态空间数据库概述

　　现实世界的数据不仅与空间相关，而且与时间相关。在许多应用领域，如环境监测、抢险救灾、交通管理、医疗救援等，相关数据随着时间变化而变化，称之为时态数据。很多空间数据库应用都涉及时态数据，这些应用不仅需要存取空间数据库的当前状态，也需要存取空间数据库随时间变化的情况。

　　如何处理数据随时间变化的动态特性，是 GIS 面临的新课题。现有的 GIS 大多不具有处理数据的时间动态性的功能，而只是描述数据的一个瞬态(snapshot)。造成传统数据库系统在时态数据的表示上有两种局限性：第一，不保存数据库改变的历史。每一个数据更新操作都会删除更新前的数据，仅保存当前状态，而不能保存历史状态；第二，数据一进入数据库就立即生效。在很多应用中，数据的录入时间（即数据进入数据库的时间）和数据可以被利用的时间是不同的。因而无法对数据变化的历史进行分析，更无法预测未来的趋势，这类 GIS 亦称为静态 GIS。

　　许多应用领域要求 GIS 能提供完善的时序分析功能，高效地回答与时间相关的各类问题，在时间与空间两方面全面处理地理信息系统，即所谓时态 GIS(Temporal GIS)。时态 GIS 作为 GIS 研究和应用的一个新领域，由于其巨大的应用驱动力，正受到普遍的关注。而且，随着存储和处理技术的飞速进步，为大容量的时态数据的存储和高效处理提供了必要的物质条件，使时态 GIS 的研究和应用成为可能。TGIS 目前基本上还处在实验阶段，国内外均未见成型的 TGIS 应用系统，其理论主要集中在时空数据模型方面。

在国外，Langran 和 Chrisman 最早在 1998 年就给出了 TGIS 概念设计的框架，随后又提出了四种基本的时空数据模型：时空立方体模型，快照模型、基态修正模型和时空复合模型。在国内，舒红、陈军等给出了时态对象结构的形式化定义、时态拓扑关系点集拓扑理论描述及逻辑谓词描述并设计了面向对象的时空数据模型，探讨了连续时间变化的空间实体建模理论。

6.1.2 时态空间数据库模型

近年来，作为 GIS 研究和应用的一个领域，时态 GIS 已经得到了 GIS 界的广泛关注，人们在研究能支持时态 GIS 产品的时空数据模型。这种数据模型相比传统数据模型必须具有如下能力：能够准确地表示时态数据的时间语义；能够区分随时间变化的信息和与时间无关信息并分别表示之。除了数据模型方面的要求以外，时间数据库应用在查询语言、存取方法、物理组织等数据库管理系统的各个方面都需要新的技术。

在时态 GIS 的发展过程中，提出了许多时空数据模型，其中比较成功的有连续快照模型、基态修正模型、时空复合模型、时空立方体模型及近来发展起来的基于事件的方法和面向对象的方法，这些数据库模型本书第 2 章已有介绍，在此不再赘述。

需要指出的是虽然时空建模已取得了长足的进步，但是 GIS 的时态问题远未解决，很多关键问题仍需继续研究。

6.2 分布式空间数据库技术

分布式空间数据库(Distributed Spatial Database，DSDB)是使用计算机网络把面向物理上分散，而管理和控制又需要不同程度集中的空间数据库连接起来，共同组成一个统一的数据库的空间数据库系统。也可以简单地把分布式空间数据库看成是空间数据库和计算机网络的总和。但它绝对不是两者的简单结合，而是把物理上分散的空间数据库组织成为一个逻辑上单一的空间数据库系统，同时，又保持了单个物理空间数据库的自治性(宋海超，2004)。

分布式空间数据库系统是由若干个站点(或节点)集合而成，它们通过网络连接在一起，每个站点都是一个独立的空间数据库系统，它们都拥有各自的数据库和相应的管理系统及其分析工具。整个数据库在物理上存储于不同的设备，而在逻辑上是一个统一的空间是数据库。分布式空间数据库系统如图 6.1 所示。

其中，SDB 为空间数据库，DDBMS 为分布式数据库管理系统。

分布式数据库(DDB)是数据库技术与计算机网络技术的统一。数据库技术是一种抽象的集中数据管理方法。它通过集中实现数据共享，通过抽象实现数据的独立性，给用户提供一个总的、聚合的、唯一的数据集合及其统一的管理方法。另外，计算机网络是一种分散的计算机系统，是利用通信线路相互连接的计算机之间分布数据或程序，以适应用户地域分散的需要。因此，分布式数据库是集中和分散的统一。它通过结合这两个表面上矛盾的方法，实现了前所未有的功能和特点，具体概括如下(欧阳，2004)：

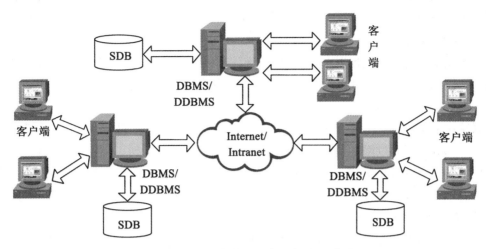

图 6.1　分布式空间数据库管理系统示意图(吴信才，2009)

(1) 可靠性

在 DDB 中，单一部件的失效，不一定使整个系统失效，这比集中式数据库的一个部件的损坏而导致整个系统的崩溃好得多，也就是可靠性提高很多。而且，在 DDB 中，因为在不同的节点上可能有数据的副本，因此可以通过多个版本的副本恢复失效的数据。

(2) 自治性

DDB 允许每个场所有各自的自主性，允许机构的各个组织对其自身的数据实施局部控制，有局部的责任制，使它们较少地依赖某些远程数据处理中心。

(3) 模块性

DDB 是一个类似于模块化的系统，因为增加一个新的节点，远比用一个更大的系统代替一个已有的集中式系统要容易得多。这使得整个系统的结构十分灵活，增加或减少处理能力比较容易，而且这种增减对系统的其他部分影响较小。模块性决定了 DDB 具有很强的升级能力和较低的投资费用。

(4) 高效率、高可用性

在 DDB 中，通过合理的分布数据，使得数据存储在其常用的节点，这样既缩短了响应的时间，减少了通信费用，又提高了数据的可用性。并且，对常用数据的重复存储，也可以提高系统的响应速度和数据的可用性。

除了以上优点外，DDB 的结构和功能决定了它还有以下几个特点：

(1) 数据的物理分布性和逻辑整体性

DDB 中的数据不是集中存储在一个地区的一台计算机上，而是分布在不同场地的计算机上，而每个计算机拥有相同的等级。虽然 DDB 在物理上是分布的，但这些数据并不是互不相关的，它们在逻辑上是相互联系的整体。

(2) 数据的分布独立性(也称分布透明性)

从用户的视角来看，DDB 中整个数据库仍然是一个集中的数据库，用户不必关心数据的分布，也不必关心数据物理位置分布的细节，更不必关心数据副本的一致性，分布的实现完全由系统来完成。系统的操作者所看到的是一个整体的类似于集中式的数据库。

(3) 数据的冗余存储

在这点上是与集中式数据库不同的，分布式数据库中应存在适当冗余以提高系统处理的效率和可靠性。因此，数据复制技术是分布式数据库的一项很重要的技术。

(4) 场地自治和协调

系统中的每个节点都具有独立性，能执行局部的应用请求；同时，每个节点又是整个系统的一部分，可通过网络处理全局的应用请求。

DDB 采用了系统的分层结构，对用户的查询和事务有着较高的优化处理要求，优化的目标有两个：减少通信费用、缩短响应时间。对于数据的完整性、恢复和并行控制，DDB 有着更加复杂的要求。

在保密性和安全性方面，DDB 实现数据共享并不意味着完全放弃了保密性和安全性。首先，在具有高度节点自主性节点的 DDB 中，局部数据拥有者感受到更强的保护，因为他们可以不依赖于中心数据库管理员而实现他们自己的保护；其次，安全问题对 DDB 来说是最根本的问题，因为通信网络对提供保护来说是个薄弱环节。

6.3 空间数据仓库技术

6.3.1 空间数据仓库概述

数据仓库的出现和发展是计算机应用到一定阶段的必然产物。经过多年的计算机应用和市场积累，许多商业企业已保存了大量原始数据和各种业务数据，这些数据真实地反映了商业企业主体和各种业务环境的经济动态。然而由于缺乏集中存储和管理，这些数据不能为企业进行有效的统计、分析和评估提供帮助。也就是说，无法将这些数据转化成企业有用的信息。

20 世纪 70 年代出现并被广泛应用的关系型数据库技术为解决这一问题提供了强有力的工具；从 80 年代中期开始，随着市场竞争的加剧，商业信息系统用户已经不满足于用计算机仅仅去管理日复一日的事务数据，他们更需要的是支持决策制定过程的信息；80 年代中后期，出现了数据仓库思想的萌芽，为数据仓库概念的最终提出和发展打下了基础。

数据仓库之父 W. H. Inmon 在 1991 年出版的 *Building the Data Warehouse*（《建立数据仓库》）一书中提出：数据仓库是一个面向主题的(Subject Oriented)、集成的(Integrate)、相对稳定的(Non-Volatile)、反映历史变化(Time Variant)的数据集合，用于支持管理决策。从本质上讲，数据仓库是从一个崭新的哲学观点来看待数据管理方法和技术的，是网络数据库及其管理系统与应用分析系统。具有在线事务处理功能，可以根据用户需求组织和提供面向主题的数据，对于海量信息提供不同层次上的概括和聚集机制并以易于用户理解的方式表达出来，具有由网络连接的无数分散的不同数据库的管理功能，对于从存储格式不同、版本不同、数据语义不同的数据库中取得的数据具有集成和关联机制，为 GIS 组织、海量数据存储提供了新的思路，是空间数据管理的发展方向之一。

空间数据仓库(Spatial Data Warehouse，SDW)是 20 世纪 90 年代发展起来的一种数据存储、管理和处理的技术，是在数据仓库的基础上提出的一个新的概念和新的技术，是 GIS 技术和数据仓库技术相结合的产物，是数据仓库的一种特殊形式。SDW 是面向主题的、集成的、随时间不断变化的和非易失性的空间和非空间数据集合，用于支持空间辅助决策(Spatial Decision Making，SDM)和空间挖掘(Spatial Data Mining，SDM)。空间数据仓库中除了非空间数据外还包含空间数据，如卫星影像、遥感影像和数字地图等。例如，在环境保护可持续发展政策的制定、土地规划、交通监管、突发事件的处理、防灾减灾等工作的决策过程都需要分析信息的空间变化特性。空间数据仓库大大扩展了 GIS 的应用功能，当前已经成为 GIS 界研究的热点，被广泛应用于多源数据集成、空间数据管理和空间数据挖掘。

6.3.2 空间数据仓库特点

数据仓库是面向主题的、集成的、具有时间序列特征的数据集合，空间数据仓库在数据仓库的基础上，引入空间维数据，增加对空间数据的存储、管理和分析能力，主要具有以下几个方面的功能特征：

①面向主题的：传统的 GIS 数据库是面向应用的，GIS 空间数据仓库是面向主题的，它以主题为基础进行分类、加工、变换，从更高层次上进行综合利用。

②面向集成的：空间数据仓库的数据应该是尽可能全面、及时、准确。传统的 GIS 应用是其中有的数据源，为此空间数据仓库的数据应以各种面向应用的 GIS 系统为基础，通过元数据将它们集成起来，从中得到各种有用的数据。

③数据的变换和增值：空间数据仓库的数据来源于不同的面向应用 GIS 系统的数据，由于数据冗余及其标准和格式存在差异等一系列原因，不能把数据原封不动地存入数据仓库，应该按照主题对空间数据进行变换和增值，提高数据的可用性。

④空间序列的方位数据：自然界是一个立体的空间，任何事物都有自己的空间位置，彼此之间有相互的空间联系，因此任何信息业都应该具有空间标志。一般的数据仓库是没有空间维数的，不能做空间分析，不能反映自然界的空间变化趋势。进入 GIS 空间数据仓库的空间数据必须具有统一的坐标系和相同的比例尺。

⑤时间序列的历史数据：自然界是随时间变化的，地理数据库需要随环境的变化而不断更新，在研究、分析问题时可能需要了解过去的数据。数据仓库中的数据包含了数据的时间属性，因而 GIS 能管理不同时间的数据，满足用户数据版本管理的要求。

⑥基于空间数据仓库的 GIS 能将数据仓库中的数据以多种形式直观地呈现给用户，为决策人员提供面向主题的分析工具。

⑦由于空间数据仓库能从多个数据库中提取面向主题的数据，因而空间数据仓库中不必保存所有的数据，减轻了空间数据仓库的负担。

6.4 数 据 中 心

6.4.1 数据中心概述

随着各行各业信息化建设的不断发展,各种空间信息资源存储、管理和发布的需求也越来越多(如用于城市规划、国土资源、房产土地、智能交通、物流配送等各种地理信息系统)。然而,由于这些系统分散在不同部门、不同地点,且 GIS 种类繁多,导致数据格式不统一,即使是同一个行业也有很多类型的 GIS 数据格式并存。例如,国土资源部门应用 GIS 非常广泛,空间数据量巨大,有基础地理数据、各种土地专题数据和矿产资源数据等。但不同地方、不同类型的数据采用了不同的 GIS 软件建库,导致数据之间不能互访,使得这些资源无法共享,产生了许多信息孤岛。这样,不仅不能为领导层提供正确的决策信息,还会出现重复建库、浪费资源、数据难以维护的局面。因此,要重复利用、管理和维护这些空间信息资源,需要在不同的数据之间建立联系,使得不同格式的数据之间实现同步更新,达到互联互通的目的。建设分布式异构多级数据中心是大势所趋。

简单地讲,数据中心是由一个可以存储、管理多源异构数据的数据仓库、一个面向服务的构建仓库和一个可实现零编程的搭建平台组成。数据中心既是一个数据管理平台,也是一个提供面向服务二次开发平台;数据中心既是空间信息的管理者,又是空间信息的提供者。

6.4.2 数据中心特点

数据中心作为一个新生事物,具有以下几个方面的特点:

(1)先进性

数据中心概念体系的形成,引入了计算机、GIS 的许多先进技术,以此解决空间信息领域用户提出的许多新需求、新问题。可以说数据中心是当前处于国内外技术领先水平的系统平台。

(2)通用性原则

通用性表现在系统能提供合理、全面、实用的功能,能最大限度地满足自己特有的业务逻辑及生产、管理工作需要,做到人性化设计,操作简单、易于维护。

(3)规范化原则

以国家、行业部门的技术规程为基础,以国内外通用的软件系统为参考,确保数据中心所产生、管理的数据符合行业、国家标准和国际标准规范。

(4)安全性原则

数据中心达到 B2 级安全标准的技术,同时集成防火墙、VPN、数据备份与恢复、防病毒系统、网络传输安全、系统管理的身份认证安全技术体系,形成高安全性能的空间数据库中心平台。

(5)经济性原则

数据中心提供多种先进的二次开发技术(如插件式技术、搭建式技术和配置式技术),

能迅速搭建运用系统,整个开发周期可以缩短 50%~80%,开发效率大幅度提高,开发成本迅速下降。

(6) 可扩展性原则

数据中心的自定义表单包括一套通用插件库,这些插件库提供企业应用的一般功能,对于特殊应用,用户可以根据需要自定义插件插入到系统中,成为有机组成部分。在界面制作方面,自定义表单兼容各种工具的 HTML 文档,只需将相应的文档拷贝到自定义表单中即可。数据中心基于开放性的标准,提供和其他信息系统无缝集成方案,为 GIS 应用的进一步扩展提供了极大的可扩展空间。

(7) 灵活性原则

数据中心的菜单、工具条、视图和目录树等都可以很容易地实现按用户的需求定制,灵活方便。

总的来说,空间数据库未来发展趋势主要体现在以下几个方面:

① 海量空间数据管理,尤其在 TB 级数据量,分布式多源数据集成(数据仓库)方面。

② 基于空间信息的企业应用集成,主要体现在 GIS、MIS 以及工作流(Workflow)的集成,空间数据成为重要的数据,借助空间表达来提升企业信息化过程中信息的表达能力。

③ 时空数据库的兴起与发展,尤其三维、四维及多维空间数据库正在逐步发展成熟与推广应用。

④ 与"场"模型相关的研究及应用,未来与"场"模型相关的数据来源变得越来越丰富、自动,早期的空间数据模型研究侧重于基于对象的模型,新的研究和应用则侧重于影像的自动配准、更新中的数据融合与集成、基于影像的变化检测、增量更新与空间数据服务、地理数据库的多尺度表达等。

⑤ 空间数据的日趋"平民化",目前地图显示、GPS 定位、空间分析已逐步成为大多数信息系统的通用功能,而且随着空间信息国际标准的不断推出,空间数据管理已不再是特殊的问题,越来越多的 DBMS 提供了空间数据管理功能。寻常百姓伸手即可触及空间信息,实现"平民化"。

【本章小结】

时态空间数据库、分布式空间数据库、空间数据仓库以及数据中心是空间数据库的新发展,未来空间数据的发展趋势主要体现在海量空间数据管理、基于空间信息的企业应用集成、时空数据、与"场"模型相关的研究及应用、空间数据的日趋"平民化"等方面。

【练习与思考题】

1. 什么是时态空间数据库技术?
2. 常见的时态空间数据库模型有哪些?各自有何优缺点?
3. 什么是分布式空间数据库?有何特点?
4. 什么是空间数据仓库?有何特点?
5. 什么是数据中心?有何特点?

参 考 文 献

[1] 萨师煊, 王珊. 数据库系统概论(第三版)[M]. 北京: 高等教育出版社, 2002.
[2] 萨师煊, 王珊. 数据库系统概论(第四版)[M]. 北京: 高等教育出版社, 2007.
[3] 史嘉权. 数据库系统概论[M]. 北京: 清华大学出版社, 2006.
[4] 于小川. 数据库原理与应用[M]. 北京: 人民邮电出版社, 2005.
[5] 申德荣, 于戈. 分布式数据库系统原理与应用[M]. 北京: 机械工业出版社, 2011.
[6] 盖国强. 循序渐进 Oracle 数据库管理、优化与备份恢复[M]. 北京: 人民邮电出版社, 2011.
[7] 黄杏元, 马劲松. 地理信息系统概论(第三版)[M]. 北京: 高等教育出版社, 2010.
[8] 李满春, 任建武, 陈刚, 周炎坤. GIS 设计与实现[M]. 北京: 科学出版社, 2004.
[9] 刘湘南, 黄方. GIS 空间分析原理与方法[M]. 北京: 科学出版社, 2005.
[10] 边馥苓. 空间信息导论[M]. 北京: 测绘出版社, 2006.
[11] 崔铁军. 地理空间数据库原理[M]. 北京: 科学出版社, 2007.
[12] 张占阳. 浅析 GIS 空间数据模型[J]. 中国科技论文在线, 2010.
[13] 吴信才. 空间数据库[M]. 北京: 科学出版社, 2009.
[14] 张新长, 马林兵, 等. 地理信息系统数据库[M]. 北京: 科学出版社, 2005.
[15] Joseph. Schluller. UML 基础、案例与应用[M]. 李虎, 等, 译. 北京: 人民邮电出版社, 2002.
[16] 胡于进, 张志锋, 李成刚. 基于 UML 的对象——关系数据库设计[J]. 机械与电子, 2004(3).
[17] 黄杏元, 汤勤. 地理信息系统概论[M]. 北京: 高等教育出版社, 2001.
[18] 邬伦, 刘瑜, 张晶, 等. 地理信息系统——原理、方法和应用[M]. 北京: 科学出版社, 2005.
[19] 陶宏才, 等. 数据库原理与设计[M]. 北京: 清华大学出版社, 2007.
[20] 陈述彭, 等. 地理信息系统导论. 北京: 科学出版社, 2001.
[21] Shashi Shekhar, Sanjay Chawl 2004. Spatial Databases: A Tour. Prentice Hall/Pearson 谢昆青, 马修军, 杨冬青, 译. 北京: 机械工业出版社, 2004.
[22] 程昌秀. 空间数据库管理系统概论[M]. 北京: 科学出版社, 2012.
[23] 王琴. 地图学与地图绘制[M]. 郑州: 黄河水利出版社, 2008.
[24] 王珊, 陈红. 数据库系统原理教程[M]. 北京: 清华大学出版社, 1998.
[25] 汤国安, 杨昕. ArcGIS 地理信息系统空间分析实验教程[M]. 北京: 科学出版社, 2006.

[26] 张自力, 秦其明, 董开发, 等. 基于 ArcSDE 的空间数据库设计与实现[J]. 微计算机信息, 2007, 23(11-3): 133-135.
[27] ESRI. Managing ArcSDE Services[R]. 2002.